安徽省教育厅一流教材建设项目（2022jcjs031）
安徽科技学院一流教材建设项目（Xj2022049）
安徽省教育厅一流线下课程建设项目（数控技术（2022xqhz012））

现代制造技术
实训教程（第2版）

主　编　孙业荣　张春雨

副主编　张　华　鲍官培

参　编　乔印虎　张祥雷　范新波　汪　建

主　审　姚　斌

U0191054

重庆大学出版社

内容提要

本书是根据本科院校机械类应用型人才培养的要求和工程教育认证模式OBE理念,结合编者多年现代制造技术实训的经验编写的。全书共分5章:安全生产和管理常识、数控车削实训、数控铣削实训、线切割实训和多轴加工机床实训。在内容选择上,本书以当前国内外流行的数控系统为主线,详细地介绍了安全生产、程序编程和机床操作,兼顾理论与实际操作,重点突出实训操作,列举了大量的实训操作实例;通过实例的训练,帮助学生掌握各种数控系统的编程、机床加工参数的选用,提高实际动手能力,强调了内容的实用性、实践性和先进性。在编写方式上,力求通俗易懂、图文并茂,使学习者容易理解和记忆。本书可以作为应用型本科机械和机电类各专业"先进制造技术实训"课程教材,也可以作为高等院校机械类各专业的"数控技术实训"课程教材或教学参考书,同时也可供机械工程有关技术人员参考。

为方便教学,本书还配备了电子课件等教学资源。

图书在版编目(CIP)数据

现代制造技术实训教程/孙业荣,张春雨主编. --
2版. --重庆:重庆大学出版社,2024.5
ISBN 978-7-5689-4480-9

Ⅰ.①现… Ⅱ.①孙… ②张… Ⅲ.①机械制造工艺
—高等学校—教材 Ⅳ.①TH16

中国国家版本馆CIP数据核字(2024)第098394号

现代制造技术实训教程(第2版)

主 编 孙业荣 张春雨
副主编 张 华 鲍官培
参 编 乔印虎 张祥雷 范新波 汪 建
主 审 姚 斌
策划编辑:鲁 黎

责任编辑:鲁 黎 版式设计:鲁 黎
责任校对:刘志刚 责任印制:张 策

*

重庆大学出版社出版发行
出版人:陈晓阳
社址:重庆市沙坪坝区大学城西路21号
邮编:401331
电话:(023)88617190 88617185(中小学)
传真:(023)88617186 88617166
网址:http://www.cqup.com.cn
邮箱:fxk@cqup.com.cn(营销中心)
全国新华书店经销
重庆市国丰印务有限责任公司印刷

*

开本:787mm×1092mm 1/16 印张:15.5 字数:390千
2016年7月第1版 2024年5月第2版 2024年5月第2次印刷
ISBN 978-7-5689-4480-9 定价:48.00元

前 言

党的二十大报告中强调，"必须坚持科技是第一生产力、人才是第一资源、创新是第一动力，深入实施科教兴国战略、人才强国战略、创新驱动发展战略，开辟发展新领域新赛道，不断塑造发展新动能新优势。"其中，在深入实施人才强国战略中提到：加快建设国家战略人才力量，努力培养造就更多大师、战略科学家、一流科技领军人才和创新团队、青年科技人才、卓越工程师、大国工匠、高技能人才。

而数控机床和基础制造装备是装备制造业的"工作母机"，一个国家的机床行业技术水平和产品质量，是衡量其装备制造业发展水平的重要标志，"中国制造 2025"将数控机床和基础制造装备行业列为中国制造业的战略必争领域之一，主要原因是其对于一国制造业尤其是装备制造业的国际分工中的位置具有"锚定"作用：数控机床和基础制造装备是制造业价值生成的基础和产业跃升的支点，是基础制造能力构成的核心，唯有拥有坚实的基础制造能力，才有可能生产出先进的装备产品，从而实现高价值产品的生产。

同时，为适应科技进步和社会发展需求，开阔专业视野，掌握先进制造技术的运用技能，促进其研究、应用和发展，国内外多数高校在工程技术实践教学中开设了"先进制造技术实训"课程或内容。基于此，编者在 2016 年出版的《现代制造技术工程实训教程》的基础上进行了修订再版，结合近年来教学改革实践，增加了现代企业管理知识、当前现代制造企业里的典型工程案例、复合循环指令和宏指令编程应用、模具型腔加工中经典实例等内容编写的，将大国工匠精益求精的精神、职业道德素养、安全意识等贯穿于整个教材内容中，为培养高端先进制造技术技能型人才奠定一定的基础。

本书的编写基本思想主要考虑以下三个方面：

1. 突出应用性。将大量实践案例引入教材，由易到难的项目驱动，以学生为主，教师为辅，体现了应用型人才培养的定位，将"以学生为中心、产出为导向"的 OBE 理念贯穿于教材各个模块，知识教育、能力培养和人才养成有机结合在一起、协调发展。在内容选材、实训方法、学习方法等方面都突

1

出了应用性特征。

2. 采用模块化编写。每个模块由浅入深、由易到难、由实践到创新。

3. 体现先进性、符合先进制造技术发展方向,体现新技术和新设备的应用。

4. 针对性强。能够在实验中心、工程训练中心完成。

本书共分5章,介绍了现代制造技术的主要内容,包括安全生产和管理常识、数控车工实训、数控铣工实训、线切割实训以及多轴机床加工实训。书中内容丰富、图文结合,可作为机械设计制造及自动化、机械电子工程、数控技术及应用、模具设计与制造、工业工程、材料工程及其它工科类专业先进制造技术实训的教材。

本书由安徽科技学院孙业荣、张春雨任主编,安徽科技学院张华、鲍官培任副主编。具体编写分工如下:张春雨和无锡市信展机械有限公司汪建编写第1章;孙业荣编写第2章并负责期末试卷和制作课件;安徽科技学院乔印虎和温州大学张祥雷编写第3章;鲍官培编写第4章;张华和安徽科技学院工程训练中心范新波编写第5章。全书由孙业荣和张春雨统稿,厦门大学姚斌教授担任主审。

本书得到安徽省教育厅一流教材建设项目(2022jcjs031)、安徽科技学院一流教材建设项目(Xj2022049)和安徽省教育厅一流线下课程建设项目(数控技术(2022xqhz012))的资助。

由于编者水平有限,书中存在疏漏和不妥之处在所难免,敬请广大读者予以指正。

编　者
2024 年 1 月

目录

第 1 章
安全生产和现代管理常识

1.1 安全技术和文明生产共同守则

①在开始工作前,必须穿戴好劳动防护用品,如扣紧衣服,扎紧袖口,必须戴工作帽,不准穿裙子、短裤、汗背心、拖鞋、凉鞋、高跟鞋,不准系围巾、戴手套,以免被卷入机床的旋转部分,造成事故。

②未了解机床的性能和未得到实习指导老师的许可前,不得擅自进行工作。

③开车前必须检查下列事项:

a. 机床各转动部分的润滑情况是否良好。

b. 主轴、刀架、工作台在运转时是否会受到阻碍。

c. 防护装置是否已经盖好。

d. 机床上及其周围是否堆放有碍安全的物件。

④装夹刀具及工作时必须停车,装夹刀具必须牢固可靠。

⑤不许把刀具、工件及其他物件或用具放置在机床导轨和工作台的台面上。

⑥刀具和工件接触时,必须缓慢小心,以免损伤刀具和发生事故。

⑦开车后应注意下列事项:

a. 不要用手去接触工作中的刀具、工件或其他运转部分,不要将身体靠在机床上。

b. 如遇到刀具或工件破裂,应立即停车并向实习指导老师报告。

c. 切断工件时,不要用手抓住将要切断的工件。

d. 禁止用手去清除切屑,应该用特制的钩子或刷子。

e. 禁止在机床运行时测量工件的尺寸或试探机床、润滑液等。

f. 如遇到电动机发热、噪声增大等不正常现象,或发现机床上有麻电现象时,应立即停车并向实习指导老师报告。

⑧两人以上同时操作一台机床时,需要密切配合;开车时应打招呼,以免发生事故。

⑨离开机床或因故停电时,应随手关闭机床的电源。

⑩工作完毕后,必须整理工具并做好机床的清理工作。

⑪学会正确使用常用的测量工具。

⑫人离开机床,机床必须急停或断电,不许把扳手放在夹具上。

1.2　数控车床加工安全技术和文明生产

①卡盘上的扳手夹紧工件后一定要取下来,以免开车时飞出伤人。

②车刀的刀尖应调节到和工件轴心同一水平线上,刀尖不应伸出刀架太长(应尽量缩短)。

③切削中途欲停车时不准用开倒车来代替刹车,不能用手掌压在卡盘上;车螺纹开倒车时,须等完全停止转动后才能改变方向。

④切削时勿将头部靠近工件及刀具,人站立的位置应偏离切屑飞出的方向,以免切屑伤人。

⑤清除切屑时必须退刀停车后进行,并用专用铁屑钩清除;严禁用嘴吹、用手拉。

⑥不能用手触摸正在加工的工件,装夹工件时小心工件上的毛刺。

⑦调换刀具时必须停车、刀架远离卡盘后进行,以免碰伤手指。

⑧工件和刀具必须夹紧后才能加工。

⑨换刀时,刀架与工件要有足够的转位距离,以防止两者发生碰撞。

⑩开机前,应仔细检查车刀夹持情况,如有崩刀,应及时更换刀片或刀垫。

⑪刀架回参考点时,一定要先"+X"方向,然后"+Z"方向,防止刀架与尾座发生碰撞。

⑫主轴旋转之前,车刀不得与工件接触,车刀远离工件后,主轴方可停转。

⑬手动对刀时,应注意选择合适的进给速度。

⑭操作者不得随意提高机床转速,不得随意选用超出规定的附件工具。

⑮割断工件时,不得用手触摸。

⑯机床导轨上不许放工件、夹具、量具、刀具等;量具放在工作台上层,工具放在工作台下层。

⑰变换转速时必须停车进行,以免打坏齿轮。

⑱注意材料或工件的装夹长度和伸出长度,以免飞出伤人。

⑲装夹工件时,转速必须打在空挡上;夹紧工件后,必须立即取下三爪卡盘扳手。

⑳停车时,禁止用手刹住卡盘。

1.3　数控铣床(加工中心)加工安全技术和文明生产

①数控铣床(加工中心)机构比较复杂,操作者必须熟悉机床的结构、性能及传动系统、润滑部分等,要求熟练掌握数控铣床(加工中心)操作调整方法。

②数控铣床运转时不得调整速度,如需调整铣削速度,必须先停车。

③注意铣刀转向及工作台运动方向(学生一般只准用逆铣法)。

④按工艺规定进行加工,不准任意加大进刀量、切削速度。不准超规范、超负荷、超重使用机床。

⑤首件加工时要进行动作检查和防止刀具干涉的检查,按"高速模拟运行"→"空运转"→"单程序断切削"→"连续运转"的顺序进行。

⑥每次开机后,必须首先进行回机床参考点的操作。

⑦操作者在工作中不许离开工作岗位。如需离开时,无论时间长短都应停车,以免发生事故。

⑧机床开动前必须关好机床防护门;机床开动时,不得随意打开防护门。

⑨使用快速进给时,应注意工作台面情况,以免发生事故。

⑩装夹或测量工件时必须摇出工件,并停机后进行。

⑪严禁用榔头或工件敲击机床的任何部位,不得把垫铁当榔头用。

⑫夹紧工件时,不得用榔头敲紧扳手,以免损坏平口钳的丝杆和螺母;夹紧工件后,随手取下扳手。

⑬加工工作完成后,将机床工作台处于初始位置。

⑭停止机床运转,按正常顺序关闭电源、气源。

⑮工作完成后,应清除铁屑、清扫工作现场,认真擦净机床。导轨面、转动及滑动面、定位基准面、工作台面等处应加油保养。严禁使用带有铁屑的脏棉纱擦拭机床,以免拉伤机床导轨面。

1.4　线切割加工安全技术和文明生产

①开机前应充分了解机床性能、结构及正确的操作步骤。

②每次新安装完钼丝后或钼丝过松,在加工前都要紧丝。

③操作储丝筒后,应及时将手摇柄取出,防止储丝筒转动时手摇柄甩出伤人。

④工作前,应检查各连接部分插接件是否一一对应连接。

⑤工作前,必须严格按照润滑规定进行注油润滑,以保持机床精度。

⑥工作台架范围内有下臂启动,绝对不允许在此范围内放置杂物,以防损坏下臂或电机。

⑦在加工过程中请勿打开运丝系统上、下门罩,否则开门断电保护功能将中断加工。

⑧当"Z"轴大行程运行时,张丝机构的储丝量不足以补偿走丝回路中丝的变化量,只是必须先抽去丝,待"Z"轴移动至适当位置后再重新穿丝、紧丝,方可进行放电加工。

⑨加工中工作液有一部分会以水雾形式散发掉,应经常检查液箱中工作液面高度,及时补充工作液。

⑩加工过程中,如发生故障,应立即切断电源并要求专业人员检修。

1.5　8S 现场管理

1.5.1　何谓 8S

8S 起源于5S,是指在生产现场中对人员、机器、材料、方法等生产要素进行有效的管理,是一种独特的管理方法。8S 即整理(SEIRI)、整顿(SEITON)、清扫(SEISO)、清洁

(SEIKETSU)、素养(SHITSUKE)、安全(SECURITY)、节约(SAVE)、学习(STUDY),其罗马发音均以"S"开头,故简称为8S。其目的是:企业在现场管理的基础上,可通过创建学习型组织不断提升企业文化的素养,消除安全隐患、节约成本和时间,使企业在激烈的竞争中,立于不败之地。

1.5.2　内容

(1)1S——整理

①定义:区分要用和不用的,不用的清除掉。

②目的:把"空间"腾出来灵活运用。

(2)2S——整顿

①定义:要用的东西依规定定位、定量摆放整齐,明确标示。

②目的:不用浪费时间找东西。

(3)3S——清扫

①定义:清除工作场所内的脏污,并防止污染。

②目的:消除"脏污",保持工作场所干净、明亮。

(4)4S——清洁

①定义:将上面3S实施的做法制度化、规范化,并维持成果。

②目的:通过制度化来维持成果,并显现"异常"之所在。

(5)5S——素养

①定义:人人依规定行事,养成好习惯。

②目的:改变"人质",养成工作认真负责的习惯。

(6)6S——安全

①定义:管理上制订正确的作业流程,配置适当的工作人员监督指示功能;对不合安全规定的因素及时举报消除;加强作业人员安全意识教育;签订安全责任书。

②目的:预知危险,防患于未然。

(7)7S——节约

①定义:减少企业的人力、成本、空间、时间、库存、物料消耗等因素。

②目的:养成降低成本习惯,加强作业人员减少浪费的意识。

(8)8S——学习

①定义:深入学习各项专业技术知识,从实践和书本中获取知识,同时不断地向同事及上级主管学习,从而达到完善自我、提升自己综合素质之目的。

②目的:使企业得到持续改善,培养学习型组织。

1.5.3　推行8S的作用

(1)8S是最佳的推销员

顾客对工厂满意,增强下订单信心;外来人员来工厂参观学习,提升知名度;清洁整洁的环境,留住优秀员工。

(2)8S是节约能手

减少材料及工具的浪费,减少"寻找"的浪费,节约时间;降低工时,提高效率。

(3)8S 是安全专家

遵守作业标准,不会发生工伤事故;所有设备都进行清洁、检修,能预先发现存在的问题,从而消除安全隐患;消防设备齐全,消防通道无阻塞,万一发生火灾或地震,员工生命安全有保障。

(4)8S 是标准化的推进者

强调按标准作业;品质稳定,如期达成生产目标。

(5)8S 可以形成愉快的工作场所

明亮、清洁的工作场所让人心情愉快;员工动手做改善工作,有成就感;员工凝聚力增强,工作更愉快。

1.5.4　8S 管理的原则

(1)自己动手原则

一个良好的工作环境,不能单靠添加设备、设施以及投入资金等来实现,也不能指望别人来创造。应当充分依靠每一位员工,充分调动每一位员工的积极性,激发员工的创造性,由员工自己动手创造一个整齐、清洁、方便、安全、温馨的工作环境,使他们在改造现场环境的同时,改变自己对现场管理的看法产生"美"的意识,养成现代化生产所要求的遵章守纪、严格要求、注重细节的作风和习惯。自己动手创造的成果,容易保持和坚持下去。

(2)规范、高效率的原则

许多人总是抱着"废物利用""变废为宝",也许将来可以利用等想法,任何东西都想保管起来,不想处理。殊不知规范、高效率的现场管理所带来的效益远远大于残值处理或误处理所造成的损失。杂乱无章的现场绝不仅是浪费场地而已,它会妨碍管理人员科学管理意识的树立。该处理的一定要处理,否则再多的地方、空间也会被塞满。

(3)持之以恒的原则

8S 管理开展起来比较容易,并能在短时间内取得明显效果,但要坚持下去,持之以恒,不断优化就不太容易。开展 8S 管理贵在坚持,将这项管理活动作为日常工作的一部分,责任到人、制度落实、严格考核、持续提高,将 8S 管理坚持不断地开展下去。

1.5.5　8S 的实施方法

8S 活动的推行办法:更新观念、增强意识、消除意识上的障碍;注重实际、循序渐进、持之以恒;成立 8S 推进小组;规划 8S 的责任区域;确定 8S 的方针及目标;拟订 8S 的实施办法;教育;宣传;8S 巡回诊断与评估。

1.6　常用的测量工具及使用方法

1.6.1　游标卡尺

(1)组成

游标卡尺是一种测量长度、内外径、深度的量具。游标卡尺主要由主尺和附在主尺上能滑动的游标尺两个部分构成,如图 1.1 所示。主尺一般以 mm 为单位,而游标尺上则有 10、20 或 50 个分格,根据分格的不同,游标卡尺可分为 10 分度游标卡尺、20 分度游标卡尺、50 分度游标卡尺等,游标为 10 分度的有 9 mm,20 分度的有 19 mm,50 分度的有 49 mm。游标卡尺的主尺和游标上有两副活动量爪,分别是内测量爪和外测量爪,内测量爪通常用来测量内径,外测量爪通常用来测量长度和外径。

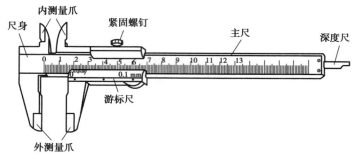

图 1.1　游标卡尺的结构示意图

（2）使用方法

用软布将量爪擦干净,使其并拢,查看游标尺的零刻度线和主尺身的零刻度线是否对齐。如果两者对齐,就可以进行测量;如果两者没有对齐,则要记取零误差。游标尺的零刻度线在主尺身零刻度线右侧的称为正零误差,在主尺身零刻度线左侧的称为负零误差。

测量时,右手拿住尺身,大拇指移动游标。左手拿待测物,使待测物位于外测量爪之间。当与量爪紧紧相贴,测量零件的外尺寸时,卡尺两测量面的连线应垂直于被测量表面,不能歪斜。测量时,可以轻轻摇动卡尺,放正垂直位置。量爪若在错误位置上,将使测量结果比实际尺寸大。先把卡尺的活动量爪张开,使量爪能自由地卡进工件,把零件贴靠在固定量爪上,然后移动尺框,用轻微的压力使活动量爪接触零件。如卡尺带有微动装置,可拧紧微动装置上的固定螺钉,再转动调节螺母,使量爪接触零件并读取尺寸。绝不可把卡尺的两个量爪调节至接近甚至小于所测尺寸,而把卡尺强制卡到零件上去。这样做会使量爪变形,或使测量面过早磨损,使卡尺失去应有的精度。

（3）读数原则

读数时,首先以游标卡尺零刻度线为准在尺身上读取毫米整数,即以 mm 为单位的整数部分。然后看游标尺上第几条刻度线与尺身的刻度线对齐,如 10 分度规格游标尺上第 6 条刻度线与尺身刻度线对齐,则小数部分即为 0.6 mm（若没有正好对齐的线,则取最接近对齐的线进行读数）。如有零误差,则一律用上述结果减去零误差（零误差为负,相当于加上相同大小的零误差）,读数结果为

$$L = 整数部分 + 小数部分 - 零误差$$

不同规格的游标卡尺读数方法见表 1.1。

表 1.1　不同规格游标卡尺读数方法

游标尺/mm			精度/mm	测量结果（游标尺上第 n 条刻度线与主尺上的某刻度线对齐时）/mm
刻度格数	刻度总长度	每小格与 1 mm 的差		
10	9	0.1	0.1	主尺上读的毫米数+0.1n
20	19	0.05	0.05	主尺上读的毫米数+0.05n
50	49	0.02	0.02	主尺上读的毫米数+0.02n

如图 1.2 所示,用 10 分度游标卡尺测量某圆柱的外径,测量结果是 7.2 mm。

图 1.2　游标外径尺测量外径示意图

如图 1.3 所示,用 20 分度游标卡尺测量某圆筒的内径,测量结果是 23.34 mm。

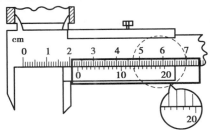

图 1.3　游标卡尺测量内径示意图

1.6.2　千分尺

(1)组成

外径千分尺,也称螺旋测微器,常简称为千分尺,其结构示意图如图 1.4 所示。它是比游标卡尺更精密的长度测量仪器,精度有 0.01 mm、0.02 mm、0.05 mm 三种。常用规格有 0～25 mm、25～50 mm、50～75 mm、75～100 mm、100～125 mm 等。

螺旋测微器是依据螺旋放大的原理制成的,即螺杆在螺母中旋转一周,螺杆便沿着旋转轴线方向前进或后退一个螺距的距离。沿轴线方向移动的微小距离,就能用圆周上的读数表示出来。如螺旋测微器的精密螺纹的螺距是 0.5 mm,可动刻度有 50 个等分刻度,可动刻度旋转一周,测微螺杆可前进或后退 0.5 mm,旋转每个小分度,相当于测微螺杆前进或后退 0.5/50＝0.01 mm。可见,可动刻度每一小分度表示 0.01 mm,螺旋测微器可准确到 0.01 mm。由于能再估读一位,可读到毫米的千分位,因此又称千分尺。

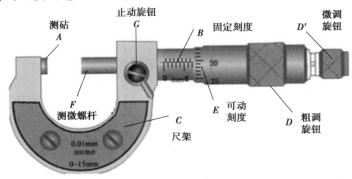

图 1.4　千分尺的结构示意图

(2)使用方法

①使用前应先检查零点:缓缓转动微调旋钮 D',使测杆 F 和测砧 A 接触,到棘轮发出声

音为止,此时可动尺(活动套筒)上的零刻度线应当和固定套筒上的基准线(长横线)对正,否则有零误差。

②左手持尺架 C,右手转动粗调旋钮 D 使测杆 F 与测砧 A 间距稍大于被测物,放入被测物,转动保护旋钮 D' 到夹住被测物,直到棘轮发出声音为止,拨动固定旋钮 G 使测杆固定后读数。

使用过程中的注意事项:

①测量时,注意要在测微螺杆快靠近被测物体时停止使用旋钮,而改用微调旋钮,避免产生过大的压力,既可使测量结果精确,又能保护螺旋测微器。

②读数时,要注意固定刻度尺上表示半毫米的刻线是否已经露出。

③读数时,千分位有一位估读数字,不能随便省略,即使固定刻度的零点正好与可动刻度的某一刻度线对齐,千分位上也应读取为"0"。

④当测砧和测微螺杆并拢时,可动刻度的零点与固定刻度的零点不相重合,将出现零误差,应加以修正,即在最后测长度的读数上去掉零误差的数值。

(3)读数原则

①读固定套筒整刻度,固定套筒上刻有基准线,基准线上下侧有两排刻度线,上下两条相邻刻度线的间隔为每格 0.5 mm。

②读固定套筒半刻度,若半刻度线已露出,记作 0.5 mm;若半刻度线未露出,记作 0.0 mm。

③读可动微分筒刻度(注意估读),记作 $n×0.01$ mm。

④读数结果为固定刻度+半刻度+可动微分筒刻度。

如图 1.5(a)所示:①读整数或半毫米数:6.5 mm;②读小数:20.3 格×0.01 mm = 0.203 mm;③整数加小数:6.5 mm+0.203 mm = 6.703 mm。如图 1.5(b)所示:①读整数或半毫米数:7 mm;②读小数:35 格×0.01 mm = 0.35 mm;③整数加小数:7 mm+0.35 mm = 7.35 mm。

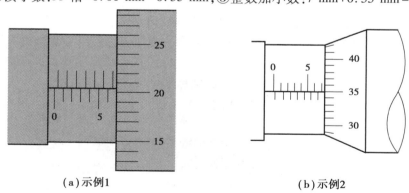

(a)示例1　　　　　　　　　　(b)示例2

图 1.5　千分尺读数示例

1.6.3　螺纹测量工具

测量螺纹的常用工具如图 1.6 所示,外螺纹测量时采用螺纹环规,内螺纹测量时采用螺纹塞规。

图 1.6　螺纹测量工具

（1）螺纹环规和塞规的使用方法

①选择螺纹规时,应选择与被测螺纹匹配的规格。

②使用前,先清理螺纹规和被测螺纹表面的油污、杂质等。

③使用时,使螺纹规的通端(止端)与被测螺纹对正后,用大拇指与食指转动螺纹规或被测零件,使其在自由状态下旋转。通常情况下,螺纹规(通端)的通规可以在被测螺纹的任意位置转动,通过全部螺纹长度则判定为合格,否则为不合格品;在螺纹规(止端)的止规与被测螺纹对正后,旋入螺纹长度在两个螺距之内止住为合格,不可强行用力通过,否则判为不合格品。

④检验工件时旋转螺纹规不能用力拧,用 3 个手指自然顺畅地旋转,止住即可。螺纹规退出工件最后一圈时要自然退出,不能用力拔出螺纹规,否则会影响产品检验结果的误差,并造成螺纹规的损坏。

⑤使用完毕后,及时清理干净螺纹规的通端(止端)的表面附着物,并将其存放在工具柜的量具盒内。

（2）螺纹环规和塞规的使用注意事项

①被测件螺纹公差等级及偏差代号必须与塞规标记的公差等级、偏差代号相同,才可使用。

②只有当通规和止规联合使用,并分别检验合格,才表示被测螺纹合格。

③应避免与坚硬物品相互碰撞,轻拿轻放,以防止磕碰而损坏测量表面。

④严禁将螺纹规作为切削工具强制旋入螺纹,避免造成早期磨损。

⑤螺纹规使用完毕后,应及时清理干净测量部位附着物,存放在规定的量具盒内。

（3）螺纹环规和塞规的使用维护和保养

①每月定期涂抹防锈油,以保证表面无锈蚀、无杂质(螺纹规使用频繁且所处环境干净,则无须上油保护)。

②所有的螺纹规必须经计量校验机构校验合格后,并在校验有效期内方可使用。

③损坏或报废的螺纹规应及时反馈处理,不得继续使用。

④经校对的螺纹规计量超差或者达到计量器具周检期的螺纹规,由计量管理人员收回并作相应的处理。

第**2**章
数控车削实训

2.1 认识数控车床操作系统控制面板

配备数控系统的数控车床的控制面板分为数控系统操作面板和机床操作面板,其中,数控系统操作面板由专业厂家直接提供,而机床操作面板属于选配件,可以选择购买专业厂家直接提供的标准面板,也可以自行定制。如图2.1所示为华中世纪星 HNC-21T 车床数控操作系统。

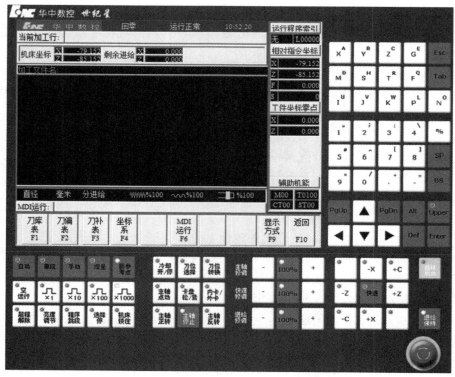

图2.1 华中世纪星 HNC-21T 车床数控操作系统

2.1.1 HNC-21T 数控车床机床操作面板

机床手动操作主要由手持单元和机床控制面板共同完成,机床控制面板如图 2.2 所示。

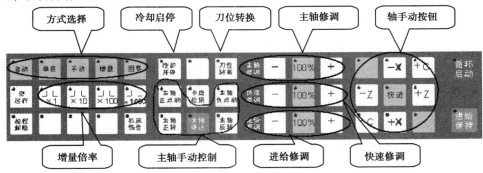

图 2.2 华中世纪星 HNC-21T 车床机床控制面板

（1）急停

"急停"按钮:机床运行过程中,在危险或紧急情况下,按下"急停"按钮,CNC 即进入急停状态,伺服进给及主轴运转立即停止工作(控制柜内的进给驱动电源被切断);松开"急停"按钮(左旋此按钮,按钮将自动跳起),CNC 进入复位状态。

解除紧急停止前,先确认故障原因是否排除,且紧急停止解除后应重新执行回参考点操作,以确保坐标位置的正确性。

注意:

在启动和退出系统之前应按下"急停"按钮以保障人身、财产安全。

（2）方式选择

机床的工作方式由手持单元和控制面板上的方式选择类按键共同决定。

如图 2.3 所示,方式选择类按键及其对应的机床工作方式如下:

①自动:自动运行方式。

②单段:单程序段执行方式。

③手动:手动连续进给方式。

④增量:增量/手摇脉冲发生器进给方式。

⑤回零:返回机床参考点方式。

其中,按下"增量"按键时,视手持单元的坐标轴选择波段开关位置对应两种机床工作方式:

①波段开关置于"Off"挡:增量进给方式。

②波段开关置于"Off"挡之外:手摇脉冲发生器进给方式。

图 2.3 方式选择类按键

（3）轴手动按键

"+X""+Z""-X""-Z"按键用于在手动连续进给、增量进给和返回机床参考点方式下,选择进给坐标轴和进给方向。"+C""-C"只在车削中心上有效,用于手动进给 C 轴。

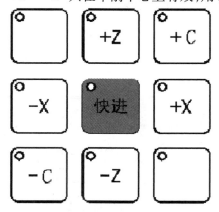

图2.4　轴手动按键

（4）速率修调

①进给修调。在自动方式或 MDI 运行方式下,当 F 代码编程的进给速度偏高或偏低时,可用进给修调右侧的"100%"和"+""-"按键修调程序中编制的进给速度。

按压"100%"按键(指示灯亮)进给修调倍率被置 100%,按一下"+"按键,进给修调倍率则递增 5%;按一下"-"按键,进给修调倍率则递减 5%。

在手动连续进给方式下,这些按键可调节手动进给速率。

图2.5　进给修调右侧的按键

②快速修调。在自动方式或 MDI 运行方式下,可用快速修调右侧的"100%"和"+""-"按键,修调 G00 快速移动时系统参数"最高快移速度"设置的速度。

按压"100%"按键(指示灯亮),快速修调倍率被置为 100%,按一下"+"按键,快速修调倍率递增 5%,按一下"-"按键,快速修调倍率递减 5%。

在手动连续进给方式下这些按键可调节手动快移速度。

③主轴修调。在自动方式或 MDI 运行方式下,当 S 代码编程的主轴速度偏高或偏低时,可用主轴修调右侧的"100%"和"+""-"按键,修调程序中编制的主轴速度。

按压"100%"按键(指示灯亮),主轴修调倍率被置为 100%,按一下"+"按键,主轴修调倍率递增 5%,按一下"-"按键,主轴修调倍率递减 5%。

在手动方式时,这些按键可调节手动时的主轴速度。

（5）回参考点

控制机床运动的前提是建立机床坐标系,为此系统接通电源,复位后首先应进行机床各轴回参考点操作,方法如下:

①如果系统显示的当前工作方式不是回零方式,按一下控制面板上面的"回零"按键,确保系统处于"回零"方式。

②根据 X 轴机床参数"回参考点方向"按一下"+X"("回参考点方向"为"+")或"-X"("回参考点方向"为"-"按键),X 轴回到参考点后,"+X"或"-X"按键内的指示灯亮;

③用同样的方法使用"+Z""-Z"按键,使 Z 轴回参考点。

所有轴回参考点后,即建立了机床坐标系。

(6)手动进给

①手动进给:按一下"手动"按键(指示灯亮),系统处于手动运行方式,可手动移动机床坐标轴。

②手动快速移动:在手动连续进给时,若同时按压"快进"按键,则产生相应轴的正向或负向快速运动。

(7)增量进给

①增量进给:当手持单元的坐标轴选择波段开关置于"Off"挡时,按一下控制面板上的"增量"按键(指示灯亮),系统处于增量进给方式,可增量移动机床坐标轴。

②增量值选择:增量进给的增量值由"×1""×10""×100""×1 000"4 个增量倍率按键控制(图2.6),增量倍率按键和增量值的对应关系见表2.1。

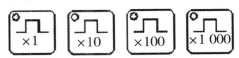

图 2.6　增量倍率按键

表 2.1　增量倍率按键和增量值的对应关系

增量倍率按键	×1	×10	×100	×1 000
增量值/mm	0.001	0.01	0.1	1

(8)手摇进给

如图 2.7 所示,MPG 手持单元由手摇脉冲发生器、坐标轴选择开关组成,用于手摇方式增量进给坐标轴。

①手摇进给:当手持单元的坐标轴选择波段开关置于"X""Z"挡时,按一下控制面板上的"增量"按键(指示灯亮),系统处于手摇进给方式,可手摇进给机床坐标轴。

②增量值选择:手摇进给的增量值(手摇脉冲发生器每转一格的移动量)由手持单元的增量倍率波段开关"×1""×10""×100"控制,增量倍率波段开关的位置和增量值的对应关系见表2.2。

图 2.7　MPG 手持单元结构

表 2.2　增量倍率波段开关的位置和增量值的对应关系

位置	×1	×10	×100
增量值/mm	0.001	0.01	0.1

（9）自动运行

按一下"自动"按键（指示灯亮），系统处于自动运行方式，机床坐标轴的控制由 CNC 自动完成。

①自动运行启动—循环启动 [循环启动]：自动方式时，在系统主菜单下按"F1"键，进入自动加工子菜单，再按"F1"选择要运行的程序，然后按一下"循环启动"按键（指示灯亮），自动加工开始。

②自动运行暂停—进给保持 [进给保持]：在自动运行过程中，按一下"进给保持"按键（指示灯亮），程序执行暂停，机床运动轴减速停止。

③进给保持后的再启动：在自动运行暂停状态下，按一下"循环启动"按键，系统将重新启动，从暂停前的状态继续运行。

④空运行 [空运行]：在自动方式下，按一下"空运行"按键（指示灯亮），CNC 处于空运行状态，程序中编制的进给速率被忽略，坐标轴以最大快移速度移动；空运行不作实际切削，目的是确认切削路径及程序；在实际切削时，应关闭此功能，否则可能会造成危险。

⑤机床锁住 [机床锁住]：禁止机床坐标轴动作。在自动运行开始前，按一下"机床锁住"按键（指示灯亮），再按"循环启动"按键，系统继续执行程序，显示屏上的坐标轴位置信息变化，但不输出伺服轴的移动指令。机床停止不动这个功能用于校验程序。

（10）单段运行

按一下"单段"按键，系统处于单段自动运行方式（指示灯亮），程序控制将逐段执行。

按一下"循环启动"按键，运行一程序段，机床运动轴减速停止，刀具和主轴电机停止运行。再按一下"循环启动"按键，又执行下一程序段，执行完后再次停止。

在单段运行方式下，适用于自动运行的按键依然有效。

（11）超程解除

在伺服轴行程的两端各有一个极限开关，作用是防止伺服机构碰撞而损坏，每当伺服机构碰到行程极限开关时，就会出现超程。当某轴出现超程（"超程解除"按键内指示灯亮）时，系统视其状况为紧急停止，要退出超程状态时，必须注意：

①松开"急停"按钮，置工作方式为"手动"或"手摇"两种。

②一直按压着"超程解除"按键（控制器会暂时忽略超程的紧急情况）。

③在手动（手摇）方式下，使该轴向相反方向退出超程状态。

④松开"超程解除"按键。

若显示屏上运行状态栏"运行正常"取代了"出错"表示恢复正常，可以继续操作。

（12）手动机床动作控制

如图 2.8 所示为手动机床动作控制按键。

①主轴正转：在手动方式下，按一下"主轴正转"按键（指示灯亮），主电机以机床参数设定的转速正转。

②主轴反转：在手动方式下，按一下"主轴反转"按键（指示灯亮），主电机以机床参数设定的转速反转。

③主轴停止：在手动方式下，按一下"主轴停止"按键（指示灯亮），主电机停止运转。

④主轴点动：在手动方式下，可用"主轴正点动""主轴负点动"按键，点动转动主轴：

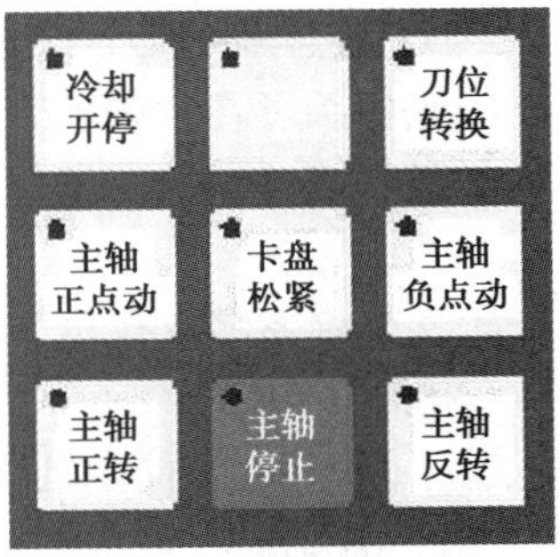

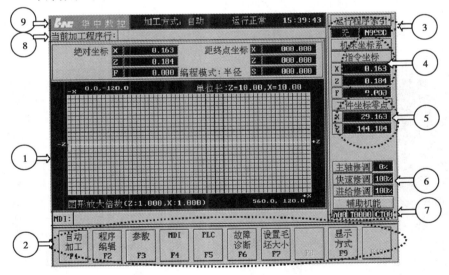

图 2.8　手动机床动作控制按键

a.按压"主轴正点动"或"主轴负点动"按键（指示灯亮），主轴将产生正向或负向连续转动。

b.松开"主轴正点动"或"主轴负点动"按键（指示灯灭），主轴即减速停止。

⑤刀位转换：在手动方式下，按一下"刀位转换"按键，转塔刀架转动一个刀位。

⑥冷却启动与停止：在手动方式下，按一下"冷却开停"按键，冷却液开（默认值为冷却液关），再按一下又为冷却液关，如此循环。

⑦卡盘松紧：在手动方式下，按一下"卡盘松紧"按键，松开工件（默认值为夹紧）可以进行更换工件操作，再按一下又为夹紧工件，可以进行加工工件操作，如此循环。

2.1.2　华中世纪星 HNC-21T 车床数控系统操作面板

HNC-21T 车床数控系统操作界面如图 2.9 所示，其界面由以下几个部分组成。

图 2.9　HNC-21T 车床数控系统操作界面

（1）图形显示窗口

可以根据需要，用功能键 F9 设置窗口的显示内容。

（2）菜单命令条

通过菜单命令条中的功能键 F1—F10 来完成系统功能的操作。

（3）运行程序索引

自动加工中的程序名和当前程序段行号。

15

（4）选定坐标系下的坐标值

①坐标系可在机床坐标系/工件坐标系/相对坐标系之间切换。

②显示值可在指令位置/实际位置/剩余进给/跟踪误差/负偿值之间切换。

（5）工件坐标零点

工件坐标系零点在机床坐标系下的坐标。

（6）倍率修调

①主轴修调：当前主轴修调倍率。

②进给修调：当前进给修调倍率。

③快速修调：当前快进修调倍率。

（7）辅助机能

自动加工中的 MST 代码。

（8）当前加工程序行

当前正在或将要加工的程序段。

（9）当前加工方式、系统运行状态及当前时间

①工作方式：系统工作方式根据机床控制面板上相应按键的状态，可在自动（运行）、单段（运行）、手动（运行）、增量、运行回零、急停、复位等之间切换。

②运行状态：系统工作状态在"运行正常"和"出错"之间切换。

③系统时钟：当前系统时间。

2.1.3　FANUC 0i 车床数控系统操作面板

FANUC 0i 车床数控系统操作面板由两个区域组成，如图 2.10 所示，左侧为显示屏，右侧为编程面板。

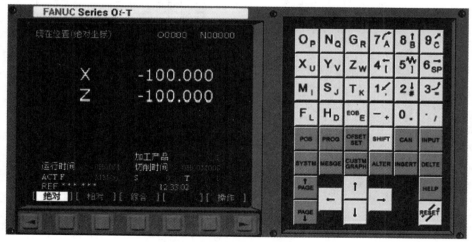

图 2.10　FANUC 0i 车床数控系统操作面板

（1）数字/字母键

如图 2.11 所示为数字/字母键，数字/字母键用于输入数据到输入区域，每个按键代表两个字母或者数字，可通过 SHIFT 键切换输入，如 O—P、7—A。

图 2.11　数字/字母键

（2）编辑键

ALTER 替换键,用输入的数据替换光标所在的数据。

DELTE 删除键,删除光标所在的数据,或者删除一个程序或者删除全部程序。

INSERT 插入键,把输入区之中的数据插入当前光标之后的位置。

CAN 取消键,消除输入区内的数据。

EOB E 回车换行键,结束一行程序的输入并且换行。

SHIFT 上挡键。

（3）页面切换键

PROG 程序显示与编辑页面。

POS 位置显示页面。位置显示有 3 种方式,用"PAGE"按钮选择。

OFSET SET 参数输入页面。按第一次进入坐标系设置页面,按第二次进入刀具补偿参数页面。

进入不同的页面以后,用"PAGE"按钮切换。

SYSTM 系统参数页面。

MESGE 信息页面,如"报警"。

CUSTM GRAPH 图形参数设置页面。

HELP 帮助页面。

RESET 复位键。

（4）翻页按钮（PAGE）

向上翻页。

向下翻页。

（5）光标移动（CURSOR）

↑ 向上移动光标。

← 向左移动光标。

↓ 向下移动光标。

→ 向右移动光标。

（6）输入键

输入键，把输入区内的数据输入参数页面。

2.1.4　FANUC 0i 车床机床操作面板

机床操作面板主要用于控制机床运行状态，如图 2.12 所示，由模式选择按钮、运行控制开关等多个部分组成，机床操作面板可选择标准面板也可自行定制，部分配有 FANUC 0i 数控系统的车床生产厂家为了节约成本选择自行定制面板，可能导致此面板样式的多样性，但其实现的功能与原装面板并无太大差异，以原装面板为例对每一部分进行详细说明。

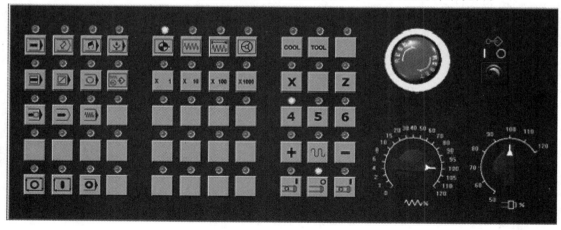

图 2.12　FANUC 0i 车床面板

（1）模式选择开关

如图 2.13 所示为模式选择开关。

AUTO：自动加工模式。

图 2.13　模式选择开关

EDIT：编辑模式。

MDI：手动数据输入。

INC：增量进给。

HND：手轮模式移动机床。

JOG：手动模式，手动连续移动机床。

DNC：用 232 电缆线连接 PC 机和数控机床，选择程序传输加工。

REF：回参考点。

（2）程序运行控制开关

如图 2.14 所示为程序运行控制开关。

图 2.14　程序运行控制开关

程序运行开始；模式选择旋钮在"AUTO"和"MDI"位置时按下有效，其余时间按下无效。

程序运行停止；在程序运行中，按下此按钮停止程序运行。

（3）机床主轴手动控制开关

如图 2.15 所示为机床主轴手动控制开关。

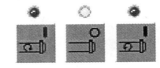

图 2.15　机床主轴手动控制开关

手动主轴正转。

手动主轴反转。

手动停止主轴。

（4）手动移动机床各轴按钮

如图 2.16 所示为手动移动机床各轴按钮。

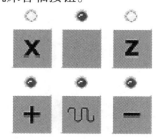

图 2.16　手动移动机床各轴按钮

（5）增量进给倍率选择按钮

如图 2.17 所示为增量进给倍率选择按钮。

图 2.17　增量进给倍率选择按钮

选择移动机床轴时，每一步的距离："×1"为 0.001 mm，"×10"为 0.01 mm，"×100"为 0.1 mm，"×1 000"为 1 mm。

（6）进给率（F）调节旋钮

如图 2.18 所示为进给率（F）调节旋钮。

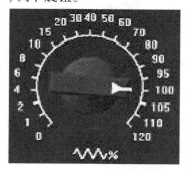

图 2.18　进给率（F）调节旋钮

调节程序运行中的进给速度，调节范围从 0% ～ 120%。置光标于旋钮上，单击鼠标左键转动。

（7）主轴转速倍率调节旋钮

如图 2.19 所示为主轴转速倍率调节旋钮。

调节主轴转速，调节范围从 0% ～ 120%。

（8）手轮

如图 2.20 所示为手轮。

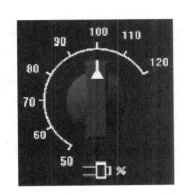

图 2.19　主轴转速倍率调节旋钮　　　　　　图 2.20　手轮

　　手轮适用于产生更小的移动量,一般多用于试切对刀时,使用时首先选择轴向和移动倍率,"×1"为 0.001 mm,"×10"为 0.01 mm,"×100"为 0.1 mm,"×1 000"为 1 mm。手轮顺时针转动,相应轴往正方向移动;手轮逆时针转动,相应轴往负方向移动。

　　(9)单步执行开关

　　■　每按一次程序启动执行一条程序指令,多用于首件试切,检验程序。

　　(10)程序段跳读

　　▨　自动方式按下此键,跳过程序段开头带有"/"程序。

　　(11)程序暂停

　　◎　自动方式下,遇有 M00,程序暂停,直到再次按下 █ ,程序运行开始后从当前暂停的位置处继续执行未完成的程序。

　　(12)机床空运行

　　⩘　按下此键,各轴以固定的速度运动。

　　(13)手动示教

　　⩘　手动示教按钮。

　　(14)冷却液开关

　　COOL　按下此键,冷却液开;再按一下,冷却液关。

　　(15)在刀库中选刀

　　TOOL　按下此键,刀库中选刀。

（16）程序编辑锁定开关

 置于"◉"位置，可编辑或修改程序。

（17）程序重启动

由于刀具破损等原因自动停止后，程序可以从指定的程序段重新启动。

（18）机床锁定开关

按下此键，机床各轴被锁住，只能程序运行。

（19）M00 程序停止

程序运行中，M00 停止。

（20）紧急停止旋钮

如图 2.21 所示为紧急停止旋钮。

图 2.21　紧急停止旋钮

2.2　数控车床操作

2.2.1　HNC-21T 型数控车床操作

实训操作 1：机床的启动与关停

（1）开机

打开机床电气箱主电源，开启机床操作面板电源按钮，等系统加载完毕，旋开机床急停开关，再执行回零操作。

（2）关机

拍下急停开关，关闭机床操作面板电源按钮，关闭机床电气箱主电源。

实训操作 2：数控车床的操作

1）手动操作机床

（1）坐标轴移动

手动移动机床坐标轴的操作由手持单元和机床控制面板上的方式选择、轴手动、增量倍率、进给修调、快速修调等按键共同完成。

①点动进给：按一下"手动"按键（指示灯亮），系统处于点动运行方式，可点动移动机床坐标轴。

②点动快速移动：在点动进给时，若同时按压"快进"按键，则产生相应轴的正向或负向快速运动。

③增量进给：当手持单元的坐标轴选择波段开关置于"Off"挡时，按一下控制面板上的"增量"按键（指示灯亮），系统处于增量进给方式，可增量移动机床坐标轴。

④增量值选择：增量进给的增量值由"×1""×10""×100""×1 000"4 个增量倍率按键

控制。

⑤手摇进给：当手持单元的坐标轴选择波段开关置于"X""Y""Z""4TH"挡（对于车床而言，只有"X""Z"有效）时，按一下控制面板上的"增量"按键（指示灯亮），系统处于手摇进给方式，可手摇进给机床坐标轴。

⑥手摇倍率选择：手摇进给的增量值（手摇脉冲发生器每转一格的移动量）由手持单元的增量倍率波段开关"×1""×10""×100"控制。

（2）主轴控制

主轴手动控制由机床控制面板上的主轴手动控制按键完成。

（3）机床锁住

机床锁住禁止机床所有运动。在手动运行方式下，按一下"机床锁住"按键，再进行手动操作，系统继续执行，显示屏上的坐标轴位置信息变化，但不输出伺服轴的移动指令，机床停止不动。

（4）其他手动操作

①刀位转换。

②冷却启动与停止。

（5）手动数据输入（MDI）运行（F4→F6）

在图 2.1 所示的主操作界面下，按 F4 键进入 MDI 功能子菜单，命令行与菜单条的显示如图 2.22 所示。

图 2.22　MDI 功能子菜单

在 MDI 功能子菜单下按 F6 键，进入 MDI 运行方式，命令行的底色变为白色，并且有光标在闪烁，如图 2.23 所示。这时可以从 NC 键盘输入并执行一个代码指令段，即"MDI 运行"。

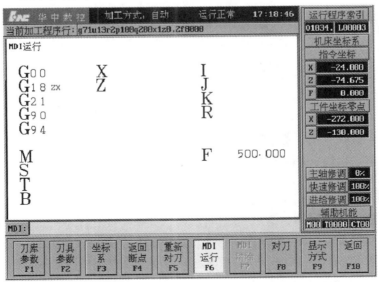

图 2.23　MDI 运行

①输入 MDI 指令段。MDI 输入的最小单位是一个有效指令字,输入一个 MDI 运行指令段可以有两种方法:一次输入,即一次输入多个指令字的信息;多次输入,即每次输入一个指令字信息。

②运行 MDI 指令段。在输入完一个 MDI 指令段后,按一下操作面板上的"循环启动"键,系统即开始运行所输入的 MDI 指令。

如果输入的 MDI 指令信息不完整或存在语法错误,系统会提示相应的错误信息,此时不能运行 MDI 指令。

③修改某一字段的值。在运行 MDI 指令段之前,如果要修改输入的某一指令字,可直接在命令行上输入相应的指令字符及数值。

④清除当前输入的所有尺寸字数据。在输入 MDI 数据后,按 F7 键可清除当前输入的所有尺寸字数据(其他指令字依然有效),显示窗口内 X、Z、I、K、R 等字符后面的数据全部消失,此时可重新输入新的数据。

⑤停止当前正在运行的 MDI 指令。在系统正在运行 MDI 指令时,按 F7 键可停止 MDI 运行。

(6)程序输入与管理

在图 2.9 所示的软件操作界面下,按 F2 键进入编辑功能子菜单。命令行与菜单条的显示如图 2.24 所示。在编辑功能子菜单下,可以对零件程序进行编辑,存储与传递以及对文件进行管理。

图 2.24　编辑功能子菜单

①选择编辑程序(F2→F2):在编辑功能子菜单(图 2.24)按 F2 键,将弹出如图 2.25 所示的"选择编辑程序"菜单。

图 2.25　选择编辑程序

其中:

a. 磁盘程序:保存在电子盘、硬盘、软盘或网络路径上的文件。

b. 正在加工的程序:当前已经选择存放在加工缓冲区的一个加工程序。

②程序编辑(F2→):

a. 编辑当前程序(F2→F3):当编辑器获得一个零件程序后,就可以编辑当前程序了,但在编辑过程中退出编辑模式后,再返回到编辑模式时,如果零件程序不处于编辑状态,可在编辑功能子菜单下(图 2.24)按 F3 键进入编辑状态。

b. 删除一行(F2→F6):在编辑状态下,按 F6 键将删除光标所在的程序行。

c. 保存程序(F2→F4):在编辑状态下,按 F4 键可对当前编辑程序进行存盘。

（7）程序运行

在图 2.9 所示的软件操作界面下，按 F1 键进入程序运行子菜单。命令行与菜单条的显示如图 2.26 所示。在程序运行子菜单下，可以装入、检验并自动运行一个零件程序。

图 2.26　程序运行子菜单

①选择运行程序（F1→F1）：在程序运行子菜单下，按 F1 键，将弹出如图 2.27 所示的"选择运行程序"子菜单。

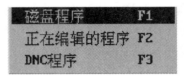

图 2.27　选择运行程序

其中：

a. 磁盘程序：保存在电子盘、硬盘、盘或网络上的文件。

b. 正在编辑的程序：编辑器已经选择存放在编辑缓冲区的一个零件程序。

c. DNC 程序：通过 RS232 串口传送的程序。

②程序校验（F1→F3）：程序校验用于对调入加工缓冲区的零件程序进行校验，并提示可能的错误。以前未在机床上运行的新程序在调入后最好先进行校验运行。正确无误后再启动自动运行。其步骤如下：

a. 调入要校验的加工程序。

b. 按机床控制面板上的"自动"按键进入程序运行方式。

c. 在程序运行子菜单下，按 F3 键，此时软件操作界面的工作方式显示改为"校验运行"。

d. 按机床控制面板上的"循环启动"按键，程序校验开始。

e. 若程序正确，校验完后，光标将返回到程序头，且软件操作界面的工作方式显示改为"自动"；若程序有错，命令行将提示程序的哪一行有错。

③启动、暂停、中止、再启动：

a. 启动自动运行：系统调入零件加工程序，经校验无误后，可正式启动运行。按一下机床控制面板上的"自动"按键→按"循环启动"按键。

b. 暂停、中止运行：在程序运行的过程中，需要暂停、中止运行，在程序运行子菜单下，按 F7 键→若按"N"键，则暂停程序运行；若按"Y"键，则中止程序运行。

c. 暂停后的再启动：在自动运行暂停状态下，按一下机床控制面板上的"循环启动"按键，系统将从暂停前的状态重新启动，继续运行。

d. 重新运行：在当前加工程序中止自动运行后，希望从程序头重新开始运行时，可在程序运行子菜单下，按 F4 键→"Y"键→按"循环启动"按键，从程序首行开始重新运行当前加工程序。

（8）空运行

在自动方式下，按一下机床控制面板上的"空运行"按键（指示灯亮），CNC 处于空运行状态,程序中编制的进给速率被忽略,坐标轴以最大快移速度移动。

(9)单段运行

按一下机床控制面板上的"单段"按键(指示灯亮),系统处于单段自动运行方式,程序控制将逐段执行。

2)HNC-21T 系统数控车床设置工件零点的方法

直接用刀具试切对刀:

①用外圆车刀先试切一外圆,测量外圆直径后,在 MDI 功能子菜单下,按"刀具补偿 F4"按钮→按"刀偏表 F1"按钮→光标移到与对应的刀补号里,在"试切直径"栏里按 Enter 键→输入"直径值"→按 Enter 键,刀具"X"补偿值即自动输入几何形状里。

②用外圆车刀再试切外圆端面,在 MDI 功能子菜单下,按"刀具补偿 F4"按钮→按"刀偏表 F1"按钮→光标移到与对应的刀补号里,在"试切长度"栏里按 Enter 键→输入"0"→按 Enter 键,刀具"Z"补偿值即自动输入几何形状里。

③在程序中使用 T××××即可调用工件坐标系。

2.2.2 FANUC 0i 型数控车床操作

实训操作 1:机床的启动与关停

(1)开机

打开机床电气箱主电源,开启机床操作面板电源按钮,等系统加载完毕,旋开机床急停开关,再执行回零操作。

(2)关机

拍下急停开关,关闭机床操作面板电源按钮,关闭机床电气箱主电源。

实训操作 2:数控车床的操作

1)手动操作机床

(1)回参考点

①置模式旋钮在 位置。

②选择各轴 ,按住按钮,即回参考点。

(2)移动

手动移动机床轴的方法有 3 种:

方法一:快速移动 ,这种方法用于较长距离的工作台移动。

①置"JOG"模式 位置。

②选择各轴,点击方向键 ,机床各轴移动,松开后停止移动。

③按 键,各轴快速移动。

方法二:增量移动 ,这种方法用于微量调整,如用在对基准操作中。

①置模式在  位置:选择 ×1 ×10 ×100 ×1000 步进量。

②选择各轴,每按一次,机床各轴移动一步。

方法三:操纵"手脉" ,这种方法用于微量调整。在实际生产中,使用手脉可以让操作者容易控制和观察机床移动。"手脉"在软件界面右上角 ,点击即出现。

(3)开、关主轴

①置模式旋钮在"JOG"位置 。

②按 机床主轴正反转,按 主轴停转。

(4)启动程序加工零件

①置模式旋钮在"AUTO"位置 。

②选择一个程序(参照以下介绍选择程序方法)。

③按程序启动按钮 。

(5)试运行程序

试运行程序时,机床和刀具不切削零件,仅运行程序。

①置在 模式。

②选择一个程序如 O0001 后按 调出程序。

③按程序启动按钮 。

(6)单步运行

①置单步开关 于"ON"位置。

②程序运行过程中,每按一次 执行一条指令。

(7)选择一个程序

有两种方法进行选择:

①按程序号搜索:

a. 选择模式放在"EDIT"。

b. 按 PROG 键输入字母"O"。

c. 按 7 键输入数字"7",输入搜索的号码:"O7"。

d. 按 CURSOR: 开始搜索;找到后,"O7"显示在屏幕右上角程序号位置,"O7"NC

程序显示在屏幕上。

②选择模式 AUTO **→** 位置：

a. 按 **PROG** 键入字母"O"。

b. 按 **7** 键入数字"7"，键入搜索的号码："07"。

c. 按 **操作** → **[O检索]** "O7"显示在屏

幕上。

d. 可输入程序段号"N30"，按 **N检索** 搜索程序段。

(8)删除一个程序

①选择模式在"EDIT"。

②按 **PROG** 键输入字母"O"。

③按 **7** 键输入数字"7"，输入要删除的程序的号码："O7"。

④按 **DELTE** "O7"NC 程序被删除。

(9)删除全部程序

①选择模式在"EDIT"。

②按 **PROG** 键输入字母"O"。

③输入"-9999"。

④按 **DELTE** 全部程序被删除。

(10)搜索一个指定的代码

一个指定的代码可以是一个字母或一个完整的代码，如"N0010""M""F""G03"等。搜索应在当前程序内进行。操作步骤如下：

①在"AUTO" **→** 或"EDIT" **⟩** 模式。

②按 **PROG**。

③选择一个 NC 程序。

④输入需要搜索的字母或代码，如"M""F""G03"。

⑤按 **[BG-EDT][O检索][检索↓][检索↑][REWIND]** 检索 **检索↓**，开始在当前程序中搜索。

(11)编辑 NC 程序(删除、插入、替换操作)

①模式置于"EDIT"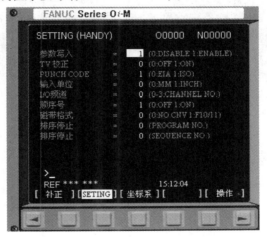。

②选择 PROG。

③输入被编辑的 NC 程序名如"O7",按 INSERT 即可编辑。

④移动光标:

a. 按 PAGE: PAGE↑ 或 PAGE↓ 翻页,按 CURSOR: ↓ 或 ↑ 移动光标。

b. 用搜索一个指定的代码的方法移动光标。

⑤输入数据:用鼠标单击数字/字母键,数据被输入到输入域。 CAN 键用于删除输入域内的数据。

⑥自动生成程序段号输入:按 OFSET SET → SETING,如图 2.28 所示,在参数页面顺序号中输入"1",所编程序自动生成程序段号(如 N10…N20…)。

图 2.28　自动生成程序短号

删除:按 DELTE 键,删除光标所在的代码。

插入:按 INSERT 键,把输入区的内容插入光标所在代码后面。

替代:按 ALTER 键,把输入区的内容替代光标所在的代码。

(12)通过操作面板手工输入 NC 程序

①置模式开关在"EDIT"。

②按 PROG 键,再按 DIR 进入程序页面。

③按 [7 A] 输入"O7"程序名(输入的程序名不可以与已有程序名重复)。

④按 [EOB E] → [INSERT] 键,开始程序输入。

⑤按 [EOB E] → [INSERT] 键换行后再继续输入。

(13)输入零件原点参数

①按 [OFSET SET] 键进入参数设定页面,如图2.29所示,按"坐标系"。

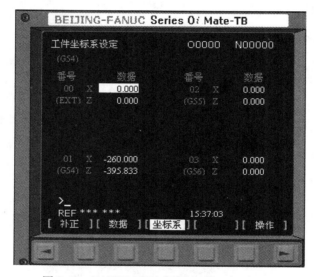

图2.29 FANUC 0i-T(车床)工件坐标系页面

②用 [PAGE↓] [PAGE↑] 或 [↓] [↑] 选择坐标系。

输入地址字(X/Y/Z)和数值到输入域。方法参考"输入数据"操作。

③按 [INPUT] 键,把输入域中间的内容输入指定的位置。

(14)输入刀具补偿参数

①按 [OFSET SET] 键进入参数设定页面,如图2.30所示,按" 补正 "。

②用 [PAGE↓] 和 [PAGE↑] 键选择长度补偿、半径补偿。

③用CURSOR: [↓] 和 [↑] 键选择补偿参数编号。

④输入补偿值到长度补偿H或半径补偿D。

⑤按 [INPUT] 键,把输入的补偿值输入所指定的位置。

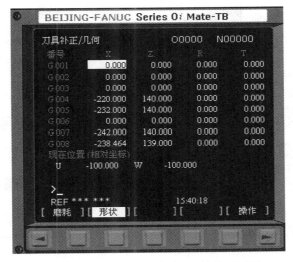

图 2.30　FANUC 0i-T(车床)刀具补正页面

(15)位置显示

按 [POS] 键切换到位置显示页面。用 [PAGE↓] 和 [PAGE↑] 键或者软键切换。

(16)MDI 手动数据输入

①按 键,切换到"MDI"模式。

②按 [PROG] 键,再按 [MDI] → [EOB E] 分程序段号"N10",输入程序,如 G0X50。

③按 [INSERT] 键,"N10G0X50"程序被输入。

④按 程序启动按钮。

(17)零件坐标系(绝对坐标系)位置(图 2.31)

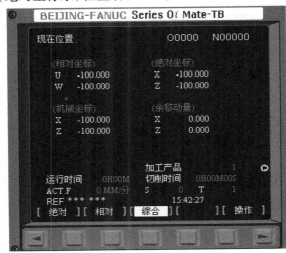

图 2.31　FANUC 0i-T(车床)

①绝对坐标系：显示机床在当前坐标系中的位置。

②相对坐标系：显示机床坐标相对于前一位置的坐标。

③综合显示：同时显示机床在坐标系中的位置。

2）FANUC 0i-T 系统数控车床设置工件零点的方法

直接用刀具试切对刀：

①用外圆车刀先试切一外圆，测量外圆直径后，按 `OFSET SET` → `补正` → `形状` 输入"外圆直径值"，按 `测量` 键，刀具"X"补偿值即自动输入几何形状里。

②用外圆车刀再试切外圆端面，按 `OFSET SET` → `补正` → `形状` 输入"Z0"，按 `测量` 键，刀具"Z"补偿值即自动输入几何形状里。

③在程序中使用 T×××× 即可调用工件坐标系。

2.3 数控系统常用指令介绍

2.3.1 HNC-21T 数控系统常用指令介绍

①常用准备功能 G 代码列表见表 2.3。

表 2.3 G 代码及功能

G 代码	组	功能	参数
G00		快速定位	X、Z
G01	01	直线插补	X、Z
G02		顺圆插补	X、Z、I、K、R
G03		逆圆插补	X、Z、I、K、R
G04	00	暂停	P
G20	08	英尺输入	
G21		毫米输入	
G28	00	返回参考点	X、Z
G29		由参考点返回	X、Z
G40		刀具半径补偿取消	
G41	09	左刀补	D
G42		右刀补	D
G52	00	局部坐标系设定	X、Z
G54			
G55			
G56			
G57	11	零点设置	
G58			
G59			

续表

G 代码	组	功能	参数
G65	00	宏指令简单调用	
G71 G72 G73 G76	06	外径/内径车削复合循环 端面车削复合循环 闭环车削复合循环 螺纹切削复合循环	X、Z、U、W、P、Q、R
G80 G81 G82	01	内外径车削固定循环 端面车削固定循环 螺纹车削固定循环	X、Z、I、K
G90 G91	13	绝对值编程 增量值编程	
G92	00	工件坐标系设定	X、Z
G94 G95	14	每分钟进给 每转进给	
G36 G37	16	直径编程 半径编程	

注意:00 组中的 G 代码是非模态的,其他组的 G 代码是模态的。

②常用辅助功能 M 代码见表 2.4。

表 2.4　M 代码及功能

代码	模态	功能说明	代码	模态	功能说明
M00	非模态	程序停止	M03	模态	主轴正传启动
M02	非模态	程序结束	M04	模态	主轴反传启动
M30	非模态	程序结束并返回 程序起点	M05	模态	主轴停止转动
			M06	非模态	换刀
M98	非模态	调用子程序	M07	模态	切削液打开
M99	非模态	子程序结束	M09	模态	切削液停止

本机床用 S 代码来对主轴转速进行编程,用 T 代码来进行选刀编程,用 F 代码来对进给速度进行编程。

2.3.2　FANUC 0i-T 数控系统常用指令介绍

①准备功能 G 代码见表 2.5。

表 2.5　G 代码及功能

G 代码	分组	功能
* G00	01	定位(快速移动)
* G01	01	直线插补(进给速度)
G02	01	顺时针圆弧插补
G03	01	逆时针圆弧插补
G04	00	暂停,精确停止
G09	00	精确停止
* G17	02	选择 XY 平面
G18	02	选择 ZX 平面
G19	02	选择 YZ 平面
G27	00	返回并检查参考点
G28	00	返回参考点
G29	00	从参考点返回
G30	00	返回第二参考点
* G40	07	取消刀具半径补偿
G41	07	左侧刀具半径补偿
G42	07	右侧刀具半径补偿
G43	08	刀具长度补偿+
G44	08	刀具长度补偿-
* G49	08	取消刀具长度补偿
G52	00	设置局部坐标系
G53	00	选择机床坐标系
* G54	14	选用 1 号工件坐标系
G55	14	选用 2 号工件坐标系
G56	14	选用 3 号工件坐标系
G57	14	选用 4 号工件坐标系
G58	14	选用 5 号工件坐标系
G59	14	选用 6 号工件坐标系
G60	00	单一方向定位
G61	15	精确停止方式
* G64	15	切削方式
G65	00	宏程序调用

续表

G 代码	分组	功能
G66	12	模态宏程序调用
* G67	12	模态宏程序调用取消
G73	09	深孔钻削固定循环
G74	09	反螺纹攻丝固定循环
G76	09	精镗固定循环
* G80	09	取消固定循环
G81	09	钻削固定循环
G82	09	钻削固定循环
G83	09	深孔钻削固定循环
G84	09	攻丝固定循环
G85	09	镗削固定循环
G86	09	镗削固定循环
G87	09	反镗固定循环
G88	09	镗削固定循环
G89	09	镗削固定循环
* G90	03	绝对值指令方式
* G91	03	增量值指令方式
G92	00	工件零点设定
* G98	10	固定循环返回初始点
G99	10	固定循环返回 R 点

G 代码被分为不同的组,这是由于大多数的 G 代码是模态的,所谓模态 G 代码,是指这些 G 代码不只在当前的程序段中起作用,而且在以后的程序段中一直起作用,直到程序中出现另一个同组的 G 代码为止,同组的模态 G 代码控制同一个目标但起不同的作用,它们之间是不相容的。00 组的 G 代码是非模态的,这些 G 代码只在它们所在的程序段中起作用。标有 * 号的 G 代码是上电时的初始状态。G01 和 G00、G90 和 G91 上电时的初始状态由参数决定。

在固定循环模式下,任何一个 01 组的 G 代码都将使固定循环模式自动取消,成为 G80 模态。

②辅助功能 M 代码列表见表 2.6。

表 2.6　M 代码及功能

M 代码	功能
M00	程序停止
M01	条件程序停止
M02	程序结束
M03	主轴正转
M04	主轴反转
M05	主轴停止
M06	刀具交换
M08	冷却开
M09	冷却关
M18	主轴定向解除
M19	主轴定向
M29	刚性攻丝
M30	程序结束并返回程序头
M98	调用子程序
M99	子程序结束返回/重复执行

本机床用 S 代码来对主轴转速进行编程,用 T 代码来进行选刀编程,用 F 代码来对进给速度进行编程。

2.4　数控车削实训典型案例

数控车床加工零件总体步骤如下:

1)第一步:工艺分析

(1)图样分析

①视图分析:分析零件由哪些面组成。

②尺寸分析:零件轮廓描述是否清楚。

③技术要求分析:尺寸精度、表面质量及位置精度。

(2)加工工艺确定

①装夹方案的确定。

②加工起点、换刀点及工艺路线的确定:总体遵循切入零件时采用快速走刀接近工件切削起始点附近的某个点,再改用切削进给,以减少空行程时间,提高加工效率。

③加工刀具的确定:常用车刀有外圆车刀、槽刀、螺纹刀等,根据零件具体图样,确定刀具类型和规格。

④切削用量。

a. 主轴转速的确定:主轴转速应根据允许的切削速度和工件(或刀具)直径来选择。主轴转速:$n=1\ 000v/3.14D$(v 为切削速度),加工螺纹时 $n\leqslant(1\ 200/P)-K$(其中,P 为被加工螺纹的螺距,K 为保险系数一般为80)。一般粗加工 400 ~ 600 r/min;精加工 800 ~ 1 000 r/min。

b. 进给速度的确定:粗加工一般在 100 ~ 200 mm/min 内选取;在切断、加工深孔或用高速钢刀具加工时,一般在 20 ~ 50 mm/min 内选取;精加工一般在 20 ~ 50 mm/min 内选取。在刀具空行程时,进给速度不用给,可以设定该机床数控系统设定的最高进给速度。

c. 切削深度确定:粗加工余量,一般取 2 ~ 4 mm;精加工余量,一般取 0.2 ~ 0.5 mm。

其中,螺纹的走刀次数及进给量应根据螺距来选择,以保证螺纹的精度及质量,见表2.7。$d_{大}=d_{公}-0.1P$;$d_{小}=d_{公}-1.3P$,$d_{公}$ 为螺纹公称直径,P 为螺纹螺距。由于 Z 向进给从停止状态到达指令的进给量,拖动系统要有一个过渡过程,所以在 Z 向应使车刀刀位点离待加工面(螺纹)有一定的引入距离 $\delta_1\geqslant0.5P$,退刀时有一定的引出距离 $\delta_2\geqslant2P$。

表 2.7　常用米制螺纹切削的进给次数与背吃刀量(双边)　　　　　单位:mm

螺距		1.0	1.5	2.0	2.5	3.0	3.5	4.0
牙深		0.649	0.974	1.299	1.624	1.949	2.273	2.598
背吃刀量及切削次数	1 次	0.7	0.8	0.9	1.0	1.2	1.5	1.5
	2 次	0.4	0.6	0.6	0.7	0.7	0.7	0.8
	3 次	0.2	0.4	0.6	0.6	0.6	0.6	0.6
	4 次		0.16	0.4	0.4	0.4	0.6	0.6
	5 次			0.1	0.4	0.4	0.4	0.4
	6 次				0.15	0.4	0.4	0.4
	7 次					0.2	0.2	0.4
	8 次						0.15	0.3
	9 次							0.2

(3)填写数控加工工艺表

填写数控加工工艺表。

2)第二步:数值计算

①假设程序原点,确定工件坐标系,其原点一般选在工件的回转中心与工件右端面或左端面的交点上。

②计算各节点位置坐标值。

3)第三步:编程

(1)程序编写

结合机床系统,用规定代码编写程序。

(2)建立工件坐标系。

①安装刀具:安装前保证刀杆及刀片定位面清洁,无损伤;将刀杆安装在刀架上时,应保证刀杆方向正确;安装刀具时需注意使刀尖等高于主轴的回转中心;车刀不能伸出过长,一般为 30 ~ 35 mm。

a. 外圆车刀:将外圆车刀的前刀面朝上,刀柄下面放上标准刀垫,刀具前端不要伸出太长,轮流锁紧刀架上面的紧固螺钉。

b. 槽刀:在槽刀安装时应注意保持槽刀的横刃为一水平直线,即槽刀要装正。由于切槽时切削力较大,所以要严格控制槽刀的中心高,过低时,刀具易将工件挤掉;过高时,主后刀面进行切削,易损坏刀具和零件。

c. 螺纹刀:螺纹车刀安装时,应将刀柄装正,不能倾斜,以保证螺纹的牙型角。

②安装工件:工件要留有一定的夹持长度,其伸出长度要考虑零件的加工长度及必要的安全距离;短的轴类零件常用三爪自定心卡盘装夹,细长的轴类零件常用卡盘与顶尖装夹或两顶尖装夹。

③对刀,建立工件坐标系。

数控车床常用试切法对刀,具体对刀方法如下:

a. 试车外圆,并沿原路径退回(即 X 方向不动,沿着+Z 方向退回)。

b. 用游标卡尺测出外圆直径,输入相应的试切直径中(功能软件中的 F4,再找刀偏表)并按 Enter 键确认。

c. 试车端面,并沿原路径退回(即 Z 方向不动,沿着+X 方向退回)。

d. 如果此时想将坐标系设立在该加工右端面上,即在试切长度中输入"0",并按 Enter 键确认。

另外,一般外圆车刀以刀尖为参考点;槽刀以左刀尖为参考点;三角螺纹刀以刀尖为参考点。

4)第四步:加工

①加工前准备工作:确保机床开启后回过参考点;检查机床的快速修调和进给修调倍率大小,一般快速修调在 20% 以下,进给修调在 50% 以下,以防止速度过快导致撞刀。

②输入程序。

③校验程序:加工时,如果不确定加工路线是否合理,可借助系统的仿真功能或外部的仿真系统进行仿真加工,以确定走刀路线合理;如果不确定对刀是否正确,可采用单段加工的方式进行,在确定每把刀具在所建立的坐标系中第一个点正确后,确定好以上两点,方可自动加工。

④自动加工。

5)第五步:检测

加工完后要对零件的尺寸精度和表面质量作相应的检测,分析原因避免下次加工再出现类似情况。其中,外螺纹加工完成后,先不要将工件卸下,用螺纹环规检测螺纹是否合格,如通规(T)通、止规(Z)止即加工的螺纹合格;如通规通、止规通,螺纹无法精修;如通规不通、止规止,可对螺纹进行精修。

6)第六步:关机

关闭急停开关;打扫机床;保养机床;关闭数控系统电源;关闭机床电源。

2.4.1 简单轴类零件的加工

如图 2.32 所示轴类零件为铝件,毛坯尺寸为 ϕ30 mm×55 mm。

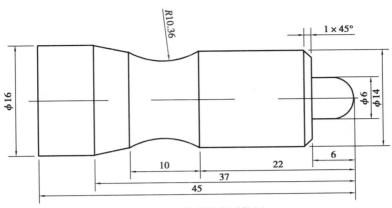

图 2.32   简单轴类零件图

1)工艺分析

（1）图样分析

该零件主要由外圆面、圆柱面、倒角面、圆弧面及锥面等表面组成,零件材料为铝;轮廓描述清晰,尺寸标注完整;尺寸精度和表面质量无严格要求,轴向基准为零件的右端面,编程零点设置在零件右端面的轴心线上。

（2）加工工艺确定

①装夹方案的确定:根据本道工序的加工表面和选择毛坯,确定装夹 ϕ30 mm 外圆面。

②加工起点、换刀点及工艺路线的确定:加工起点(35,5),满足 X>30,Z>0;换刀点(50,50),保证换刀过程中刀具不与周围介质产生干涉和空行程最短原则;加工路线是车 ϕ6 的圆弧面→车 ϕ6 的圆柱面→倒 1×45°→车 ϕ14 的圆柱面→车 R10.36 的外圆面→车锥面→车 ϕ16 的圆柱面→切断。

③加工刀具的确定:一把外圆车刀和槽刀(刀宽 3 mm)。

④切削用量。

主轴转速:粗加工 600 r/min;精加工 800 r/min。

进给速度:粗加工 200 mm/min;精加工:50 mm/min。

切削深度确定:粗加工余量取 2 mm;精加工余量取 0.5 mm。

（3）填写数控加工工艺表

HNC-21T 数控系统的数控加工工序卡见表 2.8。

表 2.8   HNC-21T 数控系统的数控加工工序卡

数控加工工序卡		零件名称	零件图号	零件材料	
		简单轴类零件		铝	
		机床型号	数控系统	机床编号	毛坯尺寸
		HNC-21T	HNC-21T	1	ϕ30 mm×55 mm
		程序名	编程原点		工具器具
		%0001	O		
		夹具名称	量具名称	工序工时	准中
		三爪卡盘	游标卡尺		单间

续表

工步号	工步内容	刀具号	刀具规格	主轴转速 /(r·min⁻¹)	进给量 /(mm·min⁻¹)	背吃刀量 /mm	加工方式	切削工时
1	粗车外轮廓	T01		600	200	4	自动	
2	精车外轮廓	T01		800	50	0.5	自动	
3	切断	T02		500	30			
编制		审核		批准			共1页 第1页	

2）数值计算

确定如图 2.33 所示的工件坐标系,其原点 O 选在工件的回转中心与工件右端面交点上。各节点坐标值见表 2.9。

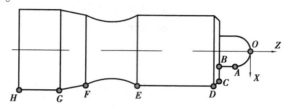

图 2.33　工件坐标系及各节点

表 2.9　各节点坐标值

节点	G 代码	X 值	Z 值	R 值
O	G01	0	0	
A	G03	6	−3	3
B	G01	6	−6	
C	G00	12	−6	
D	G01	14	−7	
E	G01	14	−22	
F	G02	14	−32	10.36
G	G01	16	−37	
H	G01	16	−45	

3）编程

（1）程序编写

HNC-21T 数控系统的加工程序见表 2.10。

表 2.10   HNC-21T 数控系统的加工程序

程序号	程序	注释
	%0001	程序名
N10	G00X80Z80	移动安全位置
N20	T0101M03S600F200M08	
N30	G00X35Z5	设定循环起点
N40	G71U4R2P60Q160X0.5Z0.5	粗循环指令
N50	S800F50	精加工主轴转速和进给速度
N60	G00X0Z2	从 N60 到 N160 描述粗、精加工外轮廓轨迹,即"告诉"数控系统,零件的最终形状。数控系统根据零件的形状和 G71 提供的参数,自动分配加工路径,重复切削。先粗加工,后精加工
N70	G01Z0	
N80	G03X6Z-3R3	
N90	G01Z-6	
N100	G00X12	
N110	G01X14Z-7	
N120	Z-22	
N130	G02Z-32R10.36	
N140	G01Z-37	
N150	X16	
N160	Z-45	
N170	G00X50	快速定位到换刀点
N180	Z50	
N190	T0202S500	换 02 刀切准备切断
N200	G00X18Z-48	快速定位到切断点
N210	G01X-1F30	
N220	G00X80	退到安全位置
N230	Z80	
N240	M02	主程序结束

(2)建立工件坐标系

安装刀具:将外圆车刀和槽刀安装在刀架上,注意刀尖点的高度。

安装工件:采用三爪自定心卡盘夹紧工件,工件伸出卡盘 55 mm,棒料中心线尽量与主轴中心线重合。

采用试切对刀方法进行对刀,建立工件坐标系。

4)加工

①打开机床,回参考点建立机床坐标系。

②输入程序。

③校验程序。

④自动加工。

5）检测

加工完后要对零件的尺寸精度和表面质量作相应的检测,分析原因,完善程序,规范操作。

6）关机

2.4.2 螺纹类零件的加工

如图 2.34 所示螺纹特形轴,生产纲领为小批量,毛坯为 $\phi45$ mm×75 mm 棒材,材料为铝。数控车削前毛坯已粗车端面,钻好中心孔。

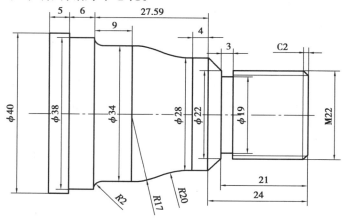

图 2.34 螺纹类零件图

1）工艺分析

（1）图样分析

该零件主要由倒角面、外螺纹、槽、锥面、顺逆圆弧面等表面组成,零件材料为铝,轮廓描述清晰,尺寸标注完整;从图中可知尺寸精度和表面粗糙度要求不高;$\phi22$ mm 外圆轴心线为径向尺寸基准,轴向基准为零件的右端面,编程零点设置在零件右端面的轴心线上。

（2）加工工艺确定

①装夹方案的确定:根据本道工序的加工表面和选择的毛坯,确定装夹 $\phi45$ mm 外圆面。

②加工起点、换刀点及工艺路线的确定:加工起点（50,5）,满足 $X>45$,$Z>0$;换刀点（80,50）,保证换刀过程中刀具不与周围介质产生干涉和空行程最短原则;加工路线是倒角 C2→车 $\phi22$ 的圆柱面→车锥面→车 $\phi22$ 的圆柱面→车 $R20$ 的顺圆弧面→车 $R17$ 的逆圆弧面→车 $\phi34$ 的圆柱面→倒 $\phi2$ 的圆弧面→车 $\phi38$ 的圆柱面→车 $\phi40$ 的圆柱面→切槽→车外螺纹→切断。

③加工刀具的确定:根据零件结构特点,零件精度要求不高,粗、精加工可以选择同一把刀具,选择90°硬质合金外圆刀,切槽用硬质合金切槽刀（槽刀宽3 mm）,车螺纹用硬质合金螺纹刀,见表2.11。

表 2.11　刀具卡

数控加工刀具卡			零件名称	螺纹特形轴	零件图号	
序号	刀具号	刀具规格名称	数量	加工表面		备注
1	T01	90°硬质合金外圆车刀	1	粗精加工外轮廓		
2	T02	硬质合金切槽刀	1	车退刀槽		
3	T03	硬质合金螺纹刀	1	车外螺纹		
编制		审核		批准		共 页　第 页

④切削用量。

主轴转速:粗加工 600 r/min;精加工 800 r/min;切槽 400 r/min;螺纹 300 r/min。

进给速度:粗加工 200 mm/min;精加工 50 mm/min;切槽 30 mm/min。

切削深度确定:粗加工余量取 2 mm;精加工余量取 0.5 mm。

查得螺距为 2.5 的螺纹走刀次数为 6 次,最后再光一次刀,总共走 7 次刀,见表 2.7。背吃刀量分别为 1.00 mm、0.70 mm、0.60 mm、0.40 mm、0.40 mm、0.15 mm、0 mm。

(3)填写数控加工工艺表

HNC-21T 数控系统的数控加工工序卡见表 2.12。

表 2.12　HNC-21T 数控系统的数控加工工序卡

数控加工工序卡				零件名称		零件图号	零件材料
				螺纹特形轴			铝
				机床型号	数控系统	机床编号	毛坯尺寸
				HNC-21T	HNC-21T	1	ϕ45 mm×70 mm
				程序名	编程原点		工具器具
				%0001	O		
				夹具名称	量具名称	工序工时	准中
				三爪卡盘	游标卡尺		单间
工步号	工步内容	刀具号	刀具规格	主轴转速 /(r·min^{-1})	进给量 /(mm·min^{-1})	背吃刀量 /mm	加工方式	切削工时
1	粗车外轮廓	T01		600	200	4	自动	
2	精车外轮廓	T01		800	50	0.5	自动	
3	车退刀槽	T02		400	30	1.5	自动	

续表

工步号	工步内容	刀具号	刀具规格	主轴转速 /(r·min⁻¹)	进给量 /(mm·min⁻¹)	背吃刀量 /mm	加工方式	切削工时
4	车螺纹	T03		300	50	1.00 0.70 0.60 0.40 0.40 0.15 0	自动	
编制		审核		批准				共1页　第1页

2)数值计算

确定如图2.35所示的工件坐标系,其原点 O 选在工件的回转中心与工件右端面交点上。各节点坐标值见表2.13。

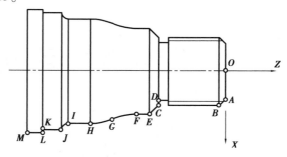

图 2.35　工件坐标系及各节点

表 2.13　各节点坐标值

节点	G 代码	X 值	Z 值	R 值
A	G01	18	0	
B	G01	22	−2	
C	G01	22	−21	
D	G01	19	−21	
E	G01	28	−24	
F	G01	28	−28	
G	G02	31.242 2	−35.884 4	20
H	G03	34	−42.59	17
I	G01	34	−49.59	
J	G02	38	−51.59	2

续表

节点	G 代码	X 值	Z 值	R 值
K	G01	38	−57.59	
L	G00	40	−57.59	
M	G01	40	−62.59	

3）编程

（1）程序编写

HNC-21T 数控系统的加工程序见表 2.14。

表 2.14　HNC-21T 数控系统的加工程序

序号	程序	注释
	%0001	程序号
N10	T0101	选 1 号刀及 1 号刀补
N20	M03 S600	主轴正转
N30	G00 X50 Z0	快速定位
N40	G01 X-2 F200	平端面
N50	G01X50Z5	设定循环起点
N60	G71U4R1 P80Q190X0.5Z0.5	粗车循环指令
N70	S800F50	精车转速 800 r/min，进给量 50 mm/min
N80	G01X16Z1	
N90	X22Z-2	
N100	Z-21	
N110	X28Z-24	
N120	W-4	
N130	G02X31.2422Z-35.8844R20	N80 到 N190 为描述粗、精加工外轮廓轨迹，即"告诉"数控系统，零件的最终形状。数控系统根据零件的形状和 G71 提供的参数，自动分配加工路径，重复切削
N140	G03X34Z-42.59R17	
N150	G01X34W-7	
N160	G02X38W-2R2	
N170	G01X38W-6	
N180	X40	
N190	W-5	
N200	G00X50	快速定位到换刀点
N210	Z50	
N220	T0202S600	换 2 号刀

续表

序号	程序	注释
N230	G00X25	定位到切槽点
N240	Z-21	
N250	G01X19F30	切槽
N260	G04P200	暂停0.2 s
N270	G00X80	快速定位到换刀点
N280	Z50	
N290	T0303S300	换3号刀
N300	G00X25Z3	设置循环起点
N310	G82X21 Z-20F2.5	螺纹加工固定循环
N320	G82X20.3 Z-20F2.5	加工螺纹走刀次数
N330	G82X19.7Z-20F2.5	
N340	G82X19.3 Z-20F2.5	
N350	G82X18.9 Z-20F2.5	
N360	XG8218.75 Z-20F2.5	
N370	G82X18.75 Z-20F2.5	
N380	G00X80	快速定位到换刀点
N390	Z50	
N400	T0202S400	换2号刀准备切断
N410	G00X50	快速定位到切断点
N420	Z-65.59	
N430	G01X-2F30	切断
N440	G00X80	快速回到换刀点
N450	Z50	
N460	M30	程序结束

（2）建立工件坐标系

安装刀具:将外圆车刀、切槽刀和螺纹刀安装在刀架上,注意刀尖点的高度。

安装工件:采用三爪自定心卡盘夹紧工件,工件伸出卡盘70 mm,棒料中心线尽量与主轴中心线重合。

采用试切对刀方法进行对刀,建立工件坐标系。

4）加工

①打开机床,回参考点建立机床坐标系。

②输入程序。

③校验程序。

④自动加工。

5)检测

外螺纹加工完成后,先不要将工件卸下,用螺纹环规检测螺纹是否合格,如通规(T)通、止规(Z)止即加工的螺纹合格;如通规通、止规通,螺纹无法精修;如通规不通、止规止,可对螺纹进行精修。同时,要对零件的尺寸精度和表面质量作相应的检测,分析原因,完善程序,规范操作。

6)关机

2.4.3　中等复杂轴类零件的加工

如图 2.36 所示复杂轴类零件为铝件,毛坯尺寸为 $\phi30$ mm×75 mm。

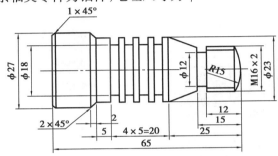

图 2.36　中等复杂零件图

1)工艺分析

(1)图样分析

该零件主要由球面、多个槽、锥面、圆柱面、倒角面等表面组成,零件材料为铝;轮廓描述清晰,尺寸标注完整;从图中可知尺寸精度和表面粗糙度要求不高,轴向基准为零件的右端面,编程零点设置在零件右端面的轴心线上。

(2)加工工艺确定

①装夹方案的确定:根据本道工序的加工表面和选择毛坯,确定装夹 $\phi30$ mm 外圆面。

②加工起点、换刀点及工艺路线的确定:加工起点(35,5),满足 $X>30,Z>0$;换刀点(50,50);加工路线是车 $R15$ 的球面→车 $\phi16$ 的圆柱面→车锥面→车 $\phi23$ 的圆柱面→倒 $2\times45°$→车 $\phi27$ 的圆柱面→切槽→车外螺纹→倒 $1\times45°$→切断。

③加工刀具的确定:根据零件结构特点,零件精度要求不高,粗、精加工可以选择同一把刀具,选择 90°硬质合金外圆刀,切槽用硬质合金切槽刀(槽刀宽 3 mm),车螺纹用硬质合金螺纹刀,见表 2.15。

表 2.15　刀具卡

数控加工刀具卡			零件名称	复杂轴类零件	零件图号	
序号	刀具号	刀具规格名称	数量	加工表面	备注	
1	T01	90°硬质合金外圆车刀	1	粗精加工外轮廓		
2	T02	硬质合金切槽刀	1	车槽		
3	T03	硬质合金螺纹刀	1	车外螺纹		
编制		审核		批准		共 页　第 页

④切削用量。

主轴转速:粗加工 600 r/min;精加工 800 r/min;切槽 400 r/min;螺纹 300 r/min。

进给速度:粗加工 200 mm/min;精加工 50 mm/min;切槽 30 mm/min。

切削深度确定:粗加工余量取 2 mm;精加工余量取 0.5 mm。

查得螺距为 2.0 的螺纹走刀次数为 5 次,最后再光一次刀,总共走 6 次刀,见表 2.7。背吃刀量分别为 0.90 mm、0.60 mm、0.6 mm、0.40 mm、0.10 mm、0 mm。

(3)填写数控加工工艺表

HNC-21T 数控系统的数控加工工序卡见表 2.16。

表 2.16　HNC-21T 数控系统的数控加工工序卡

数控加工工序卡				零件名称		零件图号	零件材料
				复杂轴类零件			铝
				机床型号	数控系统	机床编号	毛坯尺寸
				HNC-21T	HNC-21T	1	$\phi30$ mm×75 mm
				程序名	编程原点		工具器具
				%0001	O		
				夹具名称	量具名称	工序工时	准中
				三爪卡盘	游标卡尺		单间
工步号	工步内容	刀具号	刀具规格	主轴转速/(r·min⁻¹)	进给量/(mm·min⁻¹)	背吃刀量/mm	加工方式	切削工时
1	粗车外轮廓	T01		600	200	4	自动	
2	精车外轮廓	T01		800	50	0.5	自动	
3	车退刀槽	T02		400	30	1.5	自动	
4	车螺纹	T03		300	50	0.90 0.60 0.60 0.40 0.10 0	自动	
5	切断	T02		400	30	1.5 mm	自动	
编制		审核		批准			共1页　第1页

2)数值计算

确定如图 2.37 所示的工件坐标系,其原点 O 选在工件的回转中心与工件右端面交点上。各节点坐标值见表 2.17。

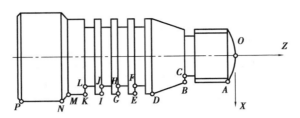

图 2.37　工件坐标系及各节

表 2.17　各节点坐标值

节点	G 代码	X 值	Z 值	R 值
O	G01	0	0	
A	G03	16	−2.31	15
B	G01	16	−15	
C	G01	12	−15	
D	G01	23	−25	
E	G01	23	−30	
F	G01	18	−30	
G	G01	23	−35	
H	G01	18	−35	
I	G01	23	−40	
J	G01	18	−40	
K	G01	23	−45	
L	G01	18	−45	
M	G01	23	−50	
N	G01	27	−52	
P	G01	27	−64	

3）编程

（1）程序编写

HNC-21T 数控系统的加工程序见表 2.18。

表 2.18　HNC-21T 数控系统的加工程序

程序号	程序	注释
	%0001	程序名
N10	G00X80Z80	移动安全位置
N20	T0101M03S600F200M08	
N30	G00X35Z5	设定循环起点

续表

程序号	程序	注释
N40	G71U4R2P60Q130X0.5Z0.5	粗循环指令
N50	S800F50	精加工主轴转速和进给速度
N60	G00X0Z2	从 N60 到 N160 描述粗、精加工外轮廓轨迹,即"告诉"数控系统,零件的最终形状。数控系统根据零件的形状和 G71 提供的参数,自动分配加工路径,重复切削。先粗加工,后精加工
N70	G01Z0	
N80	G03X16Z-2.31R15	
N90	G01Z-15	
N100	X23Z-25	
N110	Z-50	
N120	X27Z-52	
N130	Z-64	
N140	G00X50	快速定位到换刀点
N150	Z50	
N160	T0202S400	换 02 刀准备切槽
N170	G00X18Z-15	快速定位到退刀槽切点
N180	G01X12F30	切到槽底
N190	G04P200	暂停0.2 s
N200	G00X25	退刀并定位
N210	Z-25	
N220	M98 P0002L4	调用子程序
N220	G00X50	退到安全位置
N230	Z50	
N240	T0303S300	换 3 号刀
N250	G00X20Z3	设置循环起点
N260	G82X15.1Z-13.5F2	螺纹加工固定循环
N270	G82X14.5Z-13.5F2	加工螺纹走刀次数
N280	G82X13.9Z-13.5F2	
N290	G82X13.5Z-13.5F2	
N300	G82X13.4Z-13.5F2	
N310	G82X13.4Z-13.5F2	
N320	G00X50	退刀
N330	Z50	
N340	T0202S400F30	换槽刀

续表

程序号	程序	注释
N350	G00X30Z-67	倒 1×45°
N360	G01X27	
N370	X25Z-68	
N380	X27	切断
N390	X-1	
N400	G00X80	退刀
N410	Z80	
N420	M02	主程序结束
	%0002	子程序
N10	G91G01Z-5F30	采用绝对坐标,定位到第一个槽切点
N20	X-7	切刀槽底
N30	G04P200	暂定 0.2 s
N40	G01X7	退出
N50	M99	子程序结束

（2）建立工件坐标系

安装刀具:将外圆车刀、切槽刀和螺纹刀安装在刀架上,注意刀尖点的高度。

安装工件:采用三爪自定心卡盘夹紧工件,工件伸出卡盘 70 mm,棒料中心线尽量与主轴中心线重合。

采用试切对刀方法进行对刀,建立工件坐标系。

4）加工

①打开机床,回参考点建立机床坐标系。

②输入程序。

③校验程序。

④自动加工。

5）检测

外螺纹加工完成后,先不要将工件卸下,用螺纹环规检测螺纹是否合格,如通规（T）通、止规（Z）止即加工的螺纹合格;如通规通、止规通,螺纹无法精修;如通规不通、止规止,可对螺纹进行精修。同时,要对零件的尺寸精度和表面质量作相应的检测,分析原因,完善程序,规范操作。

6）关机

2.4.4　非圆曲面类零件的加工

如图 2.38 所示非圆曲面类零件为铝件,毛坯尺寸为 $\phi35$ mm×59 mm。

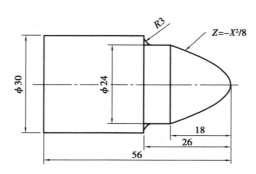

图 2.38 非圆曲面类零件图

1）工艺分析

（1）图样分析

该零件主要由非圆曲面（抛物面）、圆柱面、圆弧面等表面组成，零件材料为铝；轮廓描述清晰，尺寸标注完整；尺寸精度和表面质量无严格要求，轴向基准为零件的右端面，编程零点设置在零件右端面的轴心线上。

（2）加工工艺确定

①装夹方案的确定：根据本道工序的加工表面和选择毛坯，确定装夹 $\phi 35$ mm 外圆面。

②加工起点、换刀点及工艺路线的确定：加工起点（35,5），满足 $X>30$，$Z>0$；换刀点（50，50），保证换刀过程中刀具不与周围介质产生干涉和空行程最短原则；加工路线是车抛物面→车 $\phi 24$ 的圆柱面→倒 $R3$ 圆角→车 $\phi 30$ 的圆柱面→切断。

③加工刀具的确定：一把外圆车刀和槽刀（刀宽 3 mm）。

④切削用量。

主轴转速：粗加工 600 r/min；精加工 800 r/min。

进给速度：粗加工 100 mm/min；精加工 30 mm/min。

切削深度确定：粗加工余量取 2 mm；精加工余量取 0.5 mm。

（3）填写数控加工工艺表

HNC-21T 数控系统的数控加工工序卡见表 2.19。

表 2.19 HNC-21T 数控系统的数控加工工序卡

数控加工工序卡		零件名称		零件图号	零件材料	
		非圆曲面类零件			铝	
		机床型号	数控系统	机床编号	毛坯尺寸	
		HNC-21T	HNC-21T	1	$\phi 35$ mm×59 mm	
		程序名	编程原点		工具器具	
		%0001	O			
		夹具名称	量具名称	工序工时	准中	
		三爪卡盘	游标卡尺		单间	

续表

工步号	工步内容	刀具号	刀具规格	主轴转速 /(r· min^{-1})	进给量 /(mm· min^{-1})	背吃刀量 /mm	加工方式	切削 工时
1	粗车外轮廓	T01		600	100	4	自动	
2	精车外轮廓	T01		800	30	0.5	自动	
3	切断	T02		500	30			
编制		审核		批准			共 1 页　第 1 页	

2)数值计算

确定如图 2.39 所示的工件坐标系,其原点 O 选在工件的回转中心与工件右端面交点上。各节点坐标值见表 2.20。

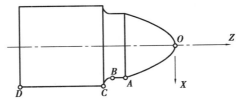

图 2.39　工件坐标系及各节点

表 2.20　各节点坐标值

节点	G 代码	X 值	Z 值	R 值
O	G01	0	0	
A	G01	24	−18	
B	G01	24	−23	
C	G02	30	−26	3
D	G01	30	−56	

3)编程

一般数控机床只具备了直线插补和圆弧插补功能,对椭圆、抛物线等非圆二次曲线的数控加工,解决思路是借助数控系统宏程序功能(为用户提供变量、循环语句、赋值语句、条件判断语句等,用户可以进行算术运算、逻辑运算和函数混合运算,有利于编制各种复杂的零件加工程序,精简编程工作量),采用用小线段或小段圆弧去逼近椭圆或抛物线,即宏程序的编程方法完成数控编程。

以 HNC-21/22T 系统简单地介绍一下宏指令功能。

(1)变量的表示

一个变量由符号"#"和数字组成。

(2)常量

PI-圆周率 π;TRUE-条件成立;FALSE-条件不成立。

（3）运算符与表达式

算术运算符：+,-,＊,／。

条件运算符：EQ-＝;NE-≠;GT->;GE-≥;LT-<;LE≤。

逻辑运算符：AND;OR;NOT。

函数：SIN、COS、TAN、ATAN、ATAN2、ABS、INT、SIGN、SQRT、EXP。

表达式：用运算符连接起来的常数和宏变量构成表达式，如 175/SQRT[2]＊COS[55＊PI/180]和#2＊3GT16。

（4）赋值语句

格式：宏变量＝常数或表达式，把常数或表达式的值送给一个宏变量，如#2＝175/SQRT[2]＊COS[55＊PI/180];#3＝120。

（5）条件判别语句 IF、ELSE、ENDIF

格式1：IF 条件表达式

　　…

ELSE

　　…

ENDIF

格式2：IF 条件表达式

　　…

ENDIF

（6）循环语句 WHILE、ENDW

格式：WHILE

　　…

ENDW

（7）程序编写

HNC-21T 数控系统的加工程序见表2.21。

表2.21　HNC-21T 数控系统的加工程序

程序号	程序	注释
	％0001	程序名
N10	#10＝0	X 坐标
N20	#11＝0	Z 坐标
N30	G00X80Z80	移动安全位置
N40	T0101M03S600F200M08	
N50	G00X35Z5	设定循环起点
N60	G71U4R2P60Q160X0.5Z0.5	粗循环指令
N70	S800F30	精加工主轴转速和进给速度

续表

程序号	程序	注释
N80	G00X0Z2	从 N60 到 N160 描述粗、精加工外轮廓轨迹,即"告诉"数控系统,零件的最终形状。数控系统根据零件的形状和 G71 提供的参数,自动分配加工路径,重复切削。先粗加工,后精加工。其中,N110 到 N150 是宏程序段,车抛物面
N90	G01Z0	
N100	WHILE　#10 LE12	
N110	#10＝#10+0.1	
N120	#11＝-#10 * #10/8	
N130	G01X[2 * #10]Z[#11]	
N140	ENDW	
N150	G01X24Z-23	
N160	G02X30Z-26R3	
N170	G01Z-56	
N180	G00X50	快速定位到换刀点
N190	Z50	
N200	T0202S500	换 02 刀切准备切断
N210	G00X37Z-59	快速定位到切断点
N220	G01X-1F30	
N230	G00X80	退到安全位置
N240	Z80	
N250	M02	主程序结束

（8）建立工件坐标系

安装刀具:将外圆车刀和槽刀安装在刀架上,注意刀尖点的高度。

安装工件:采用三爪自定心卡盘夹紧工件,工件伸出卡盘 65 mm,棒料中心线尽量与主轴中心线重合。

采用试切对刀方法进行对刀,建立工件坐标系。

4）加工

①打开机床,回参考点建立机床坐标系。

②输入程序。

③校验程序。

④自动加工。

5）检测

加工完后要对零件的尺寸精度和表面质量作相应的检测,分析原因,完善程序,规范操作。

6）关机

2.4.5 综合轴类件的加工

如图 2.40 所示综合轴类零件,材料为硬铝,未标注倒角为 $C1$,毛坯尺寸为 $\phi 50$ mm× 110 mm。

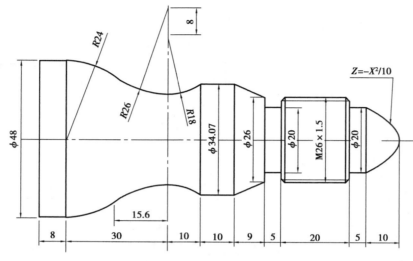

图 2.40 综合轴类件图

1)工艺分析

(1)图样分析

该零件主要由抛物面、圆柱面、倒角面、外螺纹、槽、锥面、顺逆圆弧面等表面组成,零件材料为铝,轮廓描述清晰,尺寸标注完整;从图中可知尺寸精度和表面粗糙度要求不高;$\phi 26$ mm 外圆轴心线为径向尺寸基准,轴向基准为零件的右端面,编程零点设置在零件右端面的轴心线上。

(2)加工工艺确定

①装夹方案的确定:根据本道工序的加工表面和选择毛坯,确定装夹 $\phi 50$ mm 外圆面。

②加工起点、换刀点及工艺路线的确定:加工起点(55,5),满足 $X>50$,$Z>0$;换刀点(80, 50),保证换刀过程中刀具不与周围介质产生干涉和空行程最短原则;加工路线是车抛物面→车 $\phi 20$ 的圆柱面→倒角→车 $\phi 26$ 的圆柱面→车锥面→车 $\phi 34.07$ 的圆柱面→车 $R18$ 的顺圆弧面→车 $R26$ 的顺圆弧面→车 $R24$ 的逆圆弧面→车 $\phi 48$ 的圆柱面→切槽→倒角→车外螺纹→切断。

③加工刀具的确定:据零件结构特点,零件精度要求不高,粗、精加工可以选择同一把刀具,选择 60°硬质合金外圆刀、切槽用硬质合金切槽刀(槽刀宽 5 mm)、车螺纹用硬质合金螺纹刀,见表 2.22。

表 2.22 刀具卡

数控加工刀具卡			零件名称	螺纹特形轴	零件图号	
序号	刀具号	刀具规格名称	数量	加工表面	备注
1	T01	60°硬质合金外圆车刀	1	粗精加工外轮廓	
2	T02	硬质合金切槽刀	1	车退刀槽	

序号	刀具号	刀具规格名称	数量	加工表面	备注
3	T03	硬质合金螺纹刀	1	车外螺纹	
编制		审核		批准	共 页　第 页

④切削用量。

主轴转速:粗加工 600 r/min;精加工 800 r/min;切槽 400 r/min;螺纹 300 r/min。

进给速度:粗加工 200 mm/min;精加工 50 mm/min;切槽 30 mm/min。

切削深度确定:粗加工余量取 2 mm;精加工余量取 0.5 mm。

查得螺距为 1.5 的螺纹走刀次数为 5 次,最后再光一次刀,总共走 6 次刀。背吃刀量分别为 0.974 mm、0.80 mm、0.60 mm、0.40 mm、0.16 mm、0 mm。

（3）填写数控加工工艺表

HNC-21T 数控系统的数控加工工序卡见表 2.23。

表 2.23　HNC-21T 数控系统的数控加工工序卡

数控加工工序卡					零件名称	零件图号	零件材料	
					综合轴类件		铝	
					机床型号	数控系统	机床编号	毛坯尺寸
					HNC-21T	HNC-21T	1	$\phi50$ mm×110 mm
					程序名	编程原点		工具器具
					%0001	O		
					夹具名称	量具名称	工序工时	准中
					三爪卡盘	游标卡尺		单间
工序	工步号	工步内容	刀具号	刀具规格	主轴转速 /(r·min^{-1})	进给量 /(mm·min^{-1})	背吃刀量 /mm	加工方式	切削工时
1-车外轮廓	1	粗车外轮廓	T01		600	200	4	自动	
	2	精车外轮廓	T01		800	50	0.5	自动	
2-切槽	1	车退刀槽	T02		400	30	1.5	自动	
3-车螺纹	1	车螺纹	T03		300	50	0.974 0.80 0.60 0.40 0.16 0	自动	1
编制		审核		批准				共 1 页　第 1 页

2)数值计算

确定如图 2.41 所示的工件坐标系,其原点 O 选在工件的回转中心与工件右端面交点上。各节点坐标值见表 2.24。

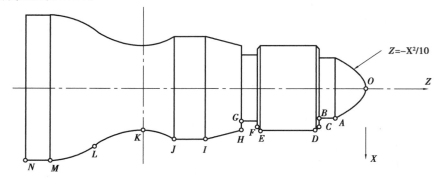

图 2.41　工件坐标系及各节点

表 2.24　各节点坐标值

节点	G 代码	X 值	Z 值	R 值
O	G01	0	0	
A	G01	20	−10	
B	G01	20	−15	
C	G01	24	−15	
D	G01	26	−16	
E	G01	26	−34	
F	G01	24	−35	
G	G01	20	−40	
H	G01	26	−40	
I	G01	34.07	−49	
J	G01	34.07	−59	
K	G02	28	−69	18
L	G02	38.4	−84.6	26
M	G03	48	−99	24
N	G01	48	−107	

3)编程

(1)程序编写

HNC-21T 数控系统的加工程序见表 2.25。

表 2.25　HNC-21T 数控系统的加工程序

序号	程序	注释
	%0001	程序号
N10	#10＝0	X 坐标
N20	#11＝0	Z 坐标
N30	T0101	选 1 号刀及 1 号刀补
N40	M03 S600	主轴正转
N50	G00 X55 Z0	快速定位
N60	G01 X-2 F200	平端面
N70	G01X55Z5	设定循环起点
N80	G71U4R1 P100Q260X0.5Z0.5	粗车循环指令
N90	S800F50	精车转速 800 r/min，进给量 50 mm/min
N100	G00X0Z2	N100 到 N260 为描述粗、精加工外轮廓轨迹，即"告诉"数控系统，零件的最终形状。数控系统根据零件的形状和 G71 提供的参数，自动分配加工路径，重复切削。其中，N120 到 N160 是宏指令段，车抛物面
N110	G01Z0	
N120	WHILE　#10 LE 10	
N130	#10＝#10+0.1	
N140	#11＝-#10 * #10/8	
N150	G01X[2 * #10]Z[#11]	
N160	ENDW	
N170	G01X20Z-15	
N180	X24	
N190	X26Z-16	
N200	Z-40	
N210	X34.07Z-49	
N220	Z-59	
N230	G02X28Z-69R18	
N240	X38.4Z-84.6R26	
N250	G03X48Z-99R24	
N260	G01Z-107	
N270	G00X80	快速定位到换刀点
N280	Z50	
N290	T0202S400	换 2 号刀

续表

序号	程序	注释
N300	G00X30	定位到切槽点
N310	Z-40	
N320	G01X20F30	切槽
N330	G04P200	暂停0.2 s
N340	G01X24	倒角定位
N350	X26Z-39	倒 C1 角
N360	G00X80	快速定位到换刀点
N370	Z50	
N380	T0303S300	换 3 号刀
N390	G00X28Z-12	设置循环起点
N400	G82X25.026Z-37F1.5	螺纹加工固定循环
N410	G82X24.226Z-37F1.5	加工螺纹走刀次数
N420	G82X23.626Z-37F1.5	
N430	G82X23.226Z-37F1.5	
N440	G82X23.006Z-37F1.5	
N450	G82X23.006Z-37F1.5	
N460	G00X80	快速定位到换刀点
N470	Z50	
N460	T0202S400	换 2 号刀准备切断
N470	G00X55	快速定位到切断点
N480	Z-112	
N490	G01X-2F30	切断
N500	G00X80	快速回到换刀点
N510	Z50	
N520	M30	程序结束

（2）建立工件坐标系

安装刀具:将外圆车刀、切槽刀和螺纹刀安装在刀架上,注意刀尖点的高度。

安装工件:采用三爪自定心卡盘夹紧工件,工件伸出卡盘 117 mm,棒料中心线尽量与主轴中心线重合。

采用试切对刀方法进行对刀,建立工件坐标系。

4) 加工

①打开机床,回参考点建立机床坐标系。

②输入程序。

③校验程序。

④自动加工。

5)检测

外螺纹加工完成后,先不要将工件卸下,用螺纹环规检测螺纹是否合格,如通规(T)通、止规(Z)止即加工的螺纹合格;如通规通、止规通,螺纹无法精修;如通规不通、止规止,可对螺纹进行精修。同时,要对零件的尺寸精度和表面质量作相应的检测,分析原因,完善程序,规范操作。

6)关机

2.5　数控车床编程练习

编制如图 2.42—图 2.47 所示零件的数控加工程序,材料的零件选择硬铝,在数控车床上进行加工。

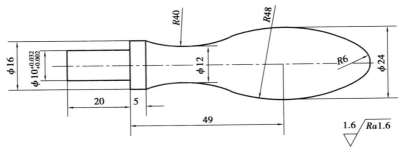

图 2.42　简单轴类零件 1

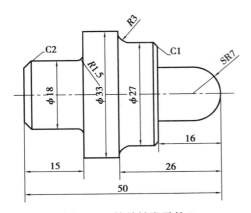

图 2.43　简单轴类零件 2

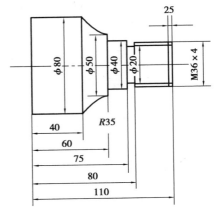

图 2.44　螺纹类零件

61

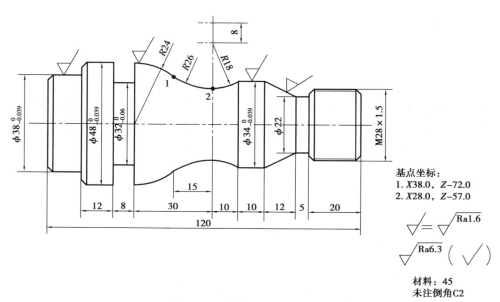

基点坐标:
1. X38.0, Z-72.0
2. X28.0, Z-57.0

$\sqrt{} = \sqrt{Ra1.6}$

$\sqrt{Ra6.3}$ ($\sqrt{}$)

材料: 45
未注倒角C2

图 2.45　中等复杂轴类零件 1

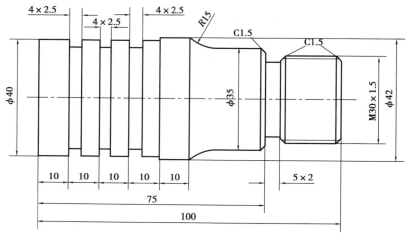

图 2.46　中等复杂轴类零件 2

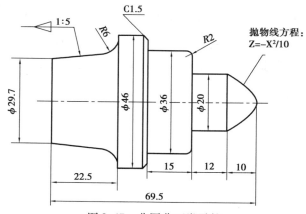

抛物线方程:
$Z=-X^2/10$

图 2.47　非圆曲面类零件

第 **3** 章
数控铣削实训

3.1 数控铣床的基本操作

3.1.1 FANUC 0i 数控铣床基本操作

【任务目的】熟悉 FANUC 0i Mate 系统键盘及界面;掌握参数的设置和程序的处理。

【任务实施】

（1）认识键盘

如图 3.1 所示为 FANUC 0i 系统的 MDI 键盘（右半部分）和 CRT 界面（左半部分）。MDI 键盘用于程序编辑、参数输入等功能。MDI 键盘上各个键的功能见表 3.1。

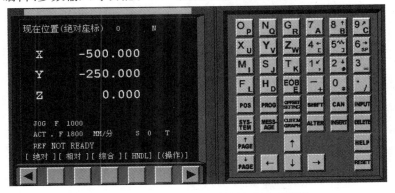

图 3.1 FANUC 0i Mate 系统键盘及显示器

表 3.1 MDI 键盘上各个键的功能

MDI 软键	功能
↑PAGE ↓PAGE	软键 PAGE↑ 实现左侧 CRT 中显示内容的向上翻页;软键 PAGE↓ 实现左侧 CRT 显示内容的向下翻页

续表

MDI 软键	功能
	移动 CRT 中的光标位置。软键 ↑ 实现光标的向上移动;软键 ↓ 实现光标的向下移动;软键 ← 实现光标的向左移动;软键 → 实现光标的向右移动
	实现字符的输入,点击 SHIFT 键后再点击字符键,将输入右下角的字符。例如,点击 O_P 将在 CRT 的光标所处位置输入"O"字符,点击软键 SHIFT 后再点击 O_P 将在光标所处位置处输入 P 字符;软键中的"EOB"将输入";"号表示换行结束
	实现字符的输入。例如,点击软键 5 将在光标所在位置输入"5"字符,点击软键 SHIFT 后再点击 5 将在光标所在位置处输入"]"
POS	在 CRT 中显示坐标值
PROG	CRT 将进入程序编辑和显示界面
OFFSET SETTING	CRT 将进入参数补偿显示界面
SYSTEM	本软件不支持
MESSAGE	本软件不支持
CUSTOM GRAPH	在自动运行状态下将数控显示切换至轨迹模式
SHIFT	输入字符切换键
CAN	删除单个字符
INPUT	将数据域中的数据输入指定的区域
ALTER	字符替换
INSERT	将输入域中的内容输入指定区域
DELETE	删除一段字符
HELP	本软件不支持
RESET	机床复位

（2）查看机床位置界面

点击 POS 进入坐标位置界面。点击菜单软键"绝对"、菜单软键"相对"、菜单软键"综合"，对应 CRT 界面将对应相对坐标（图 3.2）、绝对坐标（图 3.3）和综合坐标（图 3.4）。

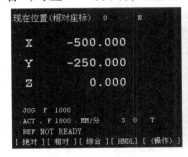

图 3.2　相对坐标界面　　　　图 3.3　绝对坐标界面　　　　图 3.4　综合坐标界面

（3）查看程序管理界面

点击 POS 进入程序管理界面，点击菜单软键"LIB"，将列出系统中所有的程序（图 3.5），在所列出的程序列表中选择某一程序名，点击 PROG 将显示该程序（图 3.6）。

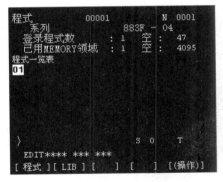

图 3.5　显示程序列表　　　　　　　　图 3.6　显示当前程序

（4）G54—G59 参数设置

在 MDI 键盘上点击 OFFSET SETTING 键，按菜单软键"坐标系"，进入坐标系参数设定界面，输入"0x"（01 表示 G54，02 表示 G55，以此类推），按菜单软键"NO 检索"，光标停留在选定的坐标系参数设定区域，如图 3.7 所示。

也可以用方位键 ↑ ↓ ← → 选择所需的坐标系和坐标轴。利用 MDI 键盘输入通过对刀所得到的工件坐标原点在机床坐标系中的坐标值。设通过对刀得到的工件坐标原点在机床坐标系中的坐标值（如 -500，-415，-404），首先将光标移到 G54 坐标系 X 的位置，在 MDI 键盘上输入"-500.00"，按菜单软键"输入"或按 INPUT ，参数输入指定区域。按 CAN 键可逐个字符删除输入域中的字符。点击 ↓ ，将光标移到 Y 的位置，输入"-415.00"，按菜单软键"输入"或按 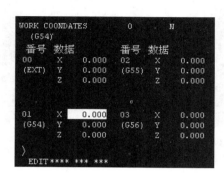 ，参数输入指定区域。同样方法可以输入 Z 坐标值。此时 CRT 界面如图 3.8 所示。

注:X 坐标值为−100,须输入"X−100.00";若输入"X−100",则系统默认为−0.100。

如果按软键"+输入",键入的数值将和原有的数值相加以后输入。

图 3.7 设定坐标系参数值 X

图 3.8 设定坐标系参数值 Z

（5）设置刀具补偿参数

铣床及加工中心的刀具补偿包括刀具的半径和长度补偿。

①输入直径补偿参数。

FANUC 0i Mate 的刀具直径补偿包括形状直径补偿和摩耗直径补偿。

a. 在 MDI 键盘上点击 ![OFFSET SETTING] 键,进入参数补偿设定界面,如图 3.9 所示。

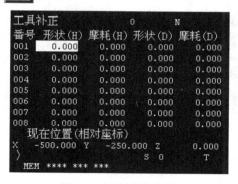

图 3.9 设定参数补偿

b. 用方位键 ![↑] ![↓] 选择所需的番号,并用 ![←] ![→] 确定需要设定的直径补偿是形状补偿还是磨耗补偿,将光标移到相应的区域。

c. 点击 MDI 键盘上的数字/字母键,输入刀尖直径补偿参数。

d. 按菜单软键"输入"或按 ![INPUT] ,参数输入指定区域。按 ![CAN] 键逐个字符删除输入域中的字符。

注:直径补偿参数若为 4 mm,在输入时需输入"4.000",如果只输入"4",则系统默认为"0.004"。

②输入长度补偿参数。

长度补偿参数在刀具表中按需要输入。FANUC 0i 的刀具长度补偿包括形状长度补偿和磨耗长度补偿。

a. 在 MDI 键盘上点击 ![OFFSET SETTING] 键,进入参数补偿设定界面,如图 3.10 所示。

b. 用方位键 ![↑] ![↓] ![←] ![→] 选择所需的序号,并确定需要设定的长度补偿是形状补偿还是磨耗补偿,将光标移到相应的区域。

c. 点击 MDI 键盘上的数字/字母键,输入刀具长度补偿参数。

d. 按软键"输入"或按 ![INPUT],参数输入指定区域。按 ![CAN] 键逐个字符删除输入域中的字符。

(6)数控程序处理

①输入数控程序。数控程序可以通过记事本或写字板等编辑软件输入并保存为文本格式(∗.txt 格式)文件,也可直接用 FANUC 0i 系统的 MDI 键盘输入。

点击操作面板上的编辑键 ![编辑键],编辑状态指示灯变亮,此时已进入编辑状态。点击 MDI 键盘上的 ![PROG],CRT 界面转入编辑页面,如图 3.10 所示。

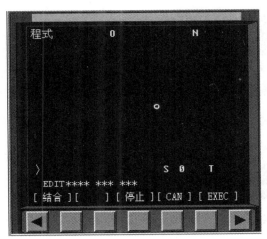

图 3.10　程序编辑状态

②数控程序管理。

a. 显示数控程序目录:经过导入数控程序操作后,点击操作面板上的编辑键 ![编辑键] ,编辑状态指示灯变亮,此时已进入编辑状态。点击 MDI 键盘上的 ![PROG],CRT 界面转入编辑页面。按菜单软键"LIB",保存在数控系统中的数控程序名列表显示在 CRT 界面上,如图 3.11 所示。

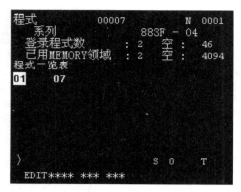

图 3.11　数控程序名列表

b. 选择一个数控程序:点击 MDI 键盘上的 **PROG**,CRT 界面转入编辑页面。利用 MDI 键盘输入"Ox"(x 为数控程序目录中显示的程序号),按 **↓** 键开始搜索,搜索到后"Ox"显示在屏幕首行程序号位置,NC 程序将显示在屏幕上。

c. 删除一个数控程序:点击操作面板上的编辑键 **◇**,编辑状态指示灯变亮,此时已进入编辑状态。利用 MDI 键盘输入"Ox"(x 为要删除的数控程序在目录中显示的程序号),按 **DELETE** 键,程序即被删除。

d. 新建一个 NC 程序:点击操作面板上的编辑键 **◇**,编辑状态指示灯变亮,此时已进入编辑状态。点击 MDI 键盘上的 **PROG**,CRT 界面转入编辑页面。利用 MDI 键盘输入"Ox"(x 为程序号,但不能与已有程序号重复),按 **INSERT** 键,CRT 界面上将显示一个空程序,可以通过 MDI 键盘开始程序输入。输入一段代码后,按 **INSERT** 键则数据输入域中的内容将显示在 CRT 界面上,用回车换行键 **EOB E** 结束一行的输入后换行。

e. 删除全部数控程序:点击操作面板上的编辑键 **◇**,编辑状态指示灯变亮,此时已进入编辑状态。点击 MDI 键盘上的 **PROG**,CRT 界面转入编辑页面。利用 MDI 键盘输入"O-9999",按 **DELETE** 键,全部数控程序即被删除。

③数控程序编辑。点击操作面板上的编辑键 **◇**,编辑状态指示灯变亮,此时已进入编辑状态。点击 MDI 键盘上的 **PROG**,CRT 界面转入编辑页面。选定了一个数控程序后,此程序显示在 CRT 界面上,可对数控程序进行编辑操作。

a. 移动光标:按 **↑ PAGE** 和 **↓ PAGE** 用于翻页,按方位键 **↑** **↓** **←** **→** 移动光标。

b. 插入字符:先将光标移到所需位置,点击 MDI 键盘上的数字/字母键,将代码输到输入域中,按 **INSERT** 键,把输入域的内容插入光标所在代码后面。

c. 删除输入域中的数据:按 **CAN** 键用于删除输入域中的数据。

d. 删除字符:先将光标移到所需删除字符的位置,按 **DELETE** 键,删除光标所在的代码。

e. 查找:输入需要搜索的字母或代码;按 **↓** 开始在当前数控程序中光标所在位置后搜索(代码可以是一个字母或一个完整的代码,如"N0010""M"等)。如果此数控程序中有所搜索的代码,则光标停留在找到的代码处;如果此数控程序中光标所在位置后没有所搜索的代码,则光标停留在原处。

f. 替换:先将光标移到所需替换字符的位置,将替换成的字符通过 MDI 键盘输到输入域中,按 **ALTER** 键,把输入域的内容替代光标所在处的代码。

3.1.2　FANUC 0i Mate MDI 面板操作

【任务目的】熟悉 FANUC 0i Mate 系统面板按钮;掌握数控铣床的手动操作、自动运行、对刀操作、MDI 数据输入等操作方法。

【任务实施】

(1)认识操作面板

FANUC 0i Mate M 系统操作面板如图 3.12 所示。

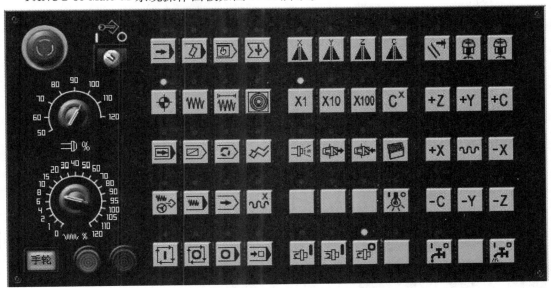

图 3.12　FANUC 0i Mate M 系统操作面板

操作面板上各按钮功能见表 3.2。

表 3.2　操作面板上各按钮功能

类型	按钮/名称		功能说明
模式选择	自动		按此按钮后,系统进入自动加工模式
	编辑		按此按钮后,系统进入程序编辑模式
	MDI		按此按钮后,系统进入 MDI 模式,手动输入并执行指令
	DNC		按此按钮后,系统进入 DNC 模式,可进行输入输出数控程序
	回原点模式		按此按钮后,系统进入回原点模式
	JOG		按此按钮后,系统进入手动模式
	增量		按此按钮后,系统进入增量模式
	手轮		按此按钮后,系统进入手轮模式
	电源开		接通电源
	电源关		关闭电源
	急停按钮	按下急停按钮,使机床移动立即停止,并且所有的输出如主轴的转动等都会关闭
	主轴倍率	按此旋钮,可以调节主轴倍率
	进给倍率	按此旋钮,可以调节进给倍率
	手轮	按此按钮,可以显示/隐藏手轮
	轴向选择	将光标移至此旋钮上后,通过点击鼠标的左键或右键来选择移动轴
	手轮	将光标移至此旋钮上后,通过点击鼠标的左键或右键来转动手轮
	显示/隐藏手轮	显示/隐藏手轮

类型	按钮/名称	功能说明
	循环启动	程序运行开始,系统处于"自动运行"或"MDI"位置时按下有效,其余模式下使用无效
	循环保持	程序运行暂停,在程序运行过程中,按下此按钮运行暂停。按"循环启动"恢复运行
	单段	此按钮被按下后,运行程序时每次执行一条数控指令
	跳段	此按钮被按下后,数控程序中的注释符号"/"有效
	选择性停止	按此按钮后,"M01"代码有效
		暂不支持
	辅助功能锁定	按此按钮后,所有辅助功能被锁定
	空运行	点击该按钮后系统进入空运行状态
		暂不支持
	机床锁定	锁定机床,无法移动
		暂不支持
		暂不支持
	X 镜像	暂不支持
	Y 镜像	暂不支持
	Z 镜像	暂不支持
		暂不支持
X1　X10　X100	增量/手轮倍率	在增量或手轮状态下,按此键可以调节步进倍率
		暂不支持
		暂不支持
	松开主轴	暂不支持
	锁住主轴	暂不支持

续表

类型	按钮/名称	功能说明
		暂不支持
		暂不支持
	主轴正转	控制主轴转向为正向转动
	主轴反转	控制主轴转向为反向转动
	主轴停止	控制主轴停止转动
	超程解除	暂不支持
	刀库正转	暂不支持
	刀库正转	暂不支持
+Z	Z 正方向按钮	手动方式下,点击该按钮主轴向 Z 轴正方向移动
-Z	Z 负方向按钮	手动方式下,点击该按钮主轴向 Z 轴负方向移动
+Y	Y 正方向按钮	手动方式下,点击该按钮主轴向 Y 轴正方向移动
-Y	Y 负方向按钮	手动方式下,点击该按钮主轴向 Y 轴负方向移动
+X	X 正方向按钮	手动方式下,点击该按钮主轴将向 X 轴正方向移动
-X	X 负方向按钮	手动方式下,点击该按钮主轴向 X 轴负方向移动
+C		暂不支持
-C		暂不支持
	快速按钮	点击该按钮系统进入手动快速按钮
		暂不支持
		暂不支持

（2）机床准备

①激活机床。点击"电源开"按钮 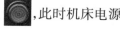,此时机床电源 指示灯变亮。

检查"急停"按钮是否松开至 ⬤ 状态,若未松开,点击"急停"按钮 ⬤ ,将其松开。

②回参考点操作。点击操作面板上的"回原点模式",若指示灯变亮 ⬤ 则已进入回参考点模式。先将 X 轴回参考点,点击操作面板上的 X 正方向按钮 +X ,此时 X 轴回参考点完成,CRT 上的 X 坐标变为"0.000"。同样,分别点击 Y 轴 +Y 、Z 轴 +Z 正方向按钮,分别完成 Y 轴、Z 轴回参考点。回参考点后,CRT 界面如图 3.13 所示。

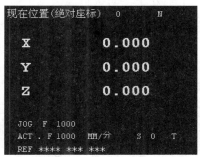

现在位置(绝对座标) O N

X 0.000

Y 0.000

Z 0.000

JOG F 1000
ACT. F 1000 MM/分 S 0 T
REF **** *** ***

图 3.13 CRT 界面

(3)手动/连续方式操作

点击操作面板中的"手动按钮" WW 指示灯变亮 WW ,系统进入手动操作方式。

适当的点击 ∿ 、+Z 、+Y 、+X 、-Z 、-Y 、-X 按钮,可以移动机床并控制移动方向及移动距离。点击 ⬚ ⬚ ⬚ 按钮,控制主轴的转动和停止。

注:刀具切削零件时,主轴需转动。加工过程中刀具与零件发生非正常碰撞后(非正常碰撞包括车刀的刀柄与零件发生碰撞,铣刀与夹具发生碰撞等),系统弹出警告对话框,同时主轴自动停止转动,调整到适当位置,继续加工时需再次点击 ⬚ ⬚ ⬚ 按钮,使主轴重新转动。

(4)手动脉冲方式操作

需精确调节机床时,常采用手动脉冲方式调节机床。点击操作面板上的手轮模式按钮 ◎ ,指示灯变亮 ◎ ,系统进入手轮模式状态即手动脉冲模式。通过旋转按钮 ,进行轴向选择。将轴选择选钮至 X 轴。调节手轮步长按钮 X1 X10 X100 ,点击"手轮倍率"按钮 X1 X10 X100 ,选择合适的手轮倍率即脉冲当量。在摇手轮 ◎ 时,机床向负方向精确移动;右摇手轮时,机床向正方向精确移动运动。

点击 ⬚ ⬚ ⬚ 控制主轴的转动和停止。

（5）对刀及设定工件坐标系操作

数控程序一般按工件坐标系编程,对刀的过程就是建立工件坐标系与机床坐标系之间关系的过程。

①X轴方向对刀。单击面板上的 POS ,回到位置界面,单击操作面板中的"手动按钮" WW 指示灯变亮 WW ,系统转入手动操作模式。

单击主轴正转按钮 ,使主轴处于转动状态。

适当单击 、 +Z 、 +Y 、 +X 、 -Z 、 -Y 、 -X 按钮,将机床移动到如图 3.14 所示的大致位置。

图 3.14 X 轴方向对刀大致位置

移动到大致位置后,可以采用手轮调节方式移动机床,单击操作面板上的"手轮模式"按钮 ,指示灯变亮 ,进入手轮模式,将轴选择旋钮至 X 轴。调节手轮步长

 按钮,精确移动零件,直到接触做表面。

将工件坐标系原点到 X 方向基准边的距离记为 X_2 ;将塞尺厚度记为 X_3 (此处为 1 mm);将基准工具直径记为 X_4 (可在选择基准工具时读出,"刚性靠棒"基准工具的直径为 14 mm),将 CRT 界面显示坐标值记为 X_5 ;将($X_2+X_3+X_4$)/2 记为 X_1 , X_5-X_1 记为 DX 。

点击 MDI 键盘上 OFFSET SETTING 按钮,进入参数设置,单击 CRT 显示软键"坐标系"或单击 OFFSET SETTING 上下翻页至"WORK CONDATES"页面(此处选择 G54)。

使用 ↑ ↓ 移动光标到 G54,输入 $X(DX)$ 的值,单击 INPUT 按钮,此数据将被自动记录到参数表中。

②Y轴方向对刀。Y 轴方向对刀采用同样的方法。得到工件中心的 Y 坐标,记为 DY 。

③Z轴方向对刀。点击操作面板上的 **POS**，回到位置界面，点击操作面板中的"手动按钮" **WW** 指示灯变亮 **WW**，系统转入手动操作模式。

点击主轴正转按钮 **⟳**，使主轴处于转动状态。

适当点击 **∿**、**+Z**、**+Y**、**+X**、**-Z**、**-Y**、**-X** 按钮，将机床移动到如图3.15所示的大致位置。

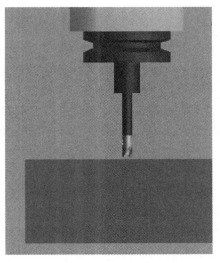

图3.15 Y轴方向对刀的大致位置

采用手轮调节方式移动机床，使刀具精确移到工件上表面。此时Z的坐标值记为DZ；点击MDI键盘上 **OFFSET SETTING** 按钮，进入参数设置，点击CRT显示软键"坐标系"或点击 **SETTING** 按钮上下翻页至"WORK CONDATES"页面(此处选择G54)。

使用 **↑** **↓** 移动光标到G54，输入Z(DZ)的值，点击 **INPUT** 按钮，此数据将被自动记录到参数表中。

(6)自动/单段方式操作

检查机床是否机床回零。若未回零，先将机床回零。

再导入数控程序或自行编写一段程序。

点击操作面板上方式选择旋钮，使它指向"自动"，系统进入自动运行状态。

点击操作面板上的"单段"按钮 **⇥**。

点击操作面板上的"循环启动"按钮 **↻**，程序开始执行。

注意：自动/单段方式执行每一行程序均需点击一次"循环启动"按钮 **↻**；点击"跳断"按钮 **⇲**，则程序运行时跳过符号"/"有效，该行成为注释行，不执行；点击"选择停止"按钮 **⇱**，则程序中M01有效。

可以通过"主轴倍率"旋钮 和"进给倍率"旋钮 来调节主轴旋转的速度和移动的速度。

按 RESET 键可将程序重置。

(7)检查运行轨迹操作

点击操作面板上的"自动模式"按钮 ➡ 指示灯变亮 ，系统进入自动运行状态,转入自动加工模式,点击 MDI 键盘上的 PROG 按钮,点击数字/字母键,输入"Ox"(x 为所需要检查运行轨迹的数控程序号),按 ↓ 开始搜索,找到后,程序显示在 CRT 界面上。点击 按钮,进入检查运行轨迹模式,点击操作面板上的"循环启动"按钮 ，即可观察数控程序的运行轨迹。

3.1.3 华中世纪星 HNC-21M 数控铣床基本操作

1)经济型数控铣床的操作

数控铣床 ZJK7532 是配有华中Ⅰ型数控系统的三坐标控制、三轴联动的经济型数控铣床,可完成钻削、铣削、镗孔、铰孔等工序。该机床既可进行坐标镗孔,又可精确高效地完成平面内各种复杂曲线的自动加工,如凸轮、样板、冲模、压模、弧形槽等零件。

(1)操作面板及其操作

机床操作面板如图 3.16 所示,各操作按钮如下:

①电源开关:用操作面板上的钥匙开、关,接通或关闭数控系统电源。

②急停:机床运行过程中,当出现紧急情况时,按下"急停"按钮,伺服进给及主轴运转立即停止工作,机床即进入急停状态;通过"急停"按钮按其箭头方向转、抬,可解除急停。

③超程解除:某轴出现超程,要退出超程状态时,必须在解除急停和点动工作方式的状态下,按住"超程解除"键不放,然后通过点动移动键,使该轴向相反方向退出超程状态。

④工作方式选择:通过工作方式波段开关,选择机床的工作方式。其方式有以下几种:

a. 自动:自动运行方式,机床控制由控制器自动完成。

b. 单段:单程序段执行方式。

c. 点动:点动进给方式。

d. 步进:步进进给方式。

e. 回参考点:返回机床参考点(即回零)方式。

f. 手动攻螺纹:手动攻螺纹方式。

⑤手动运行的机床动作:手动运行包括手动回参考点,点动进给,步进进给,手动攻螺纹,冷却液开、关,主轴正、反转,主轴停等。

a. 坐标轴选择:在手动运行方式下,按压+X、−X、+Y、−Y、+Z、−Z 中的某一按钮,则选定相应的手动进给轴和进给方向。每次能同时按下多个按钮,实现多个坐标轴手动联动进给。

b. 点动进给及速度选择:在点动进给方式下,按压+X、−X、+Y、−Y、+Z、−Z 中的某一按钮,

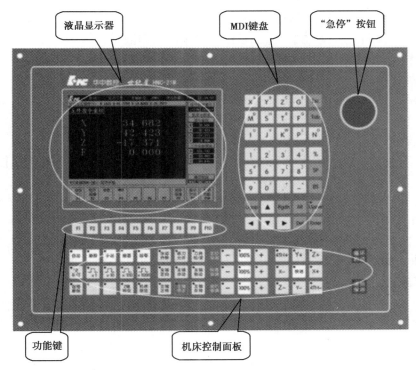

图 3.16　机床操作面板

将向该轴指定的方向产生连续移动,松开按钮即减速停止。点动进给的速率为最大进给速率的 1/3 乘以进给修调波段开关选择的进给倍率。若同时按下+X、-X、+Y、-Y、+Z、-Z 中的某一键和快移键,则产生该轴指定方向的快速运动,此时点动进给的速率为最大进给速率乘以进给倍率。

c. 步进进给:在增量进给方式下,按一下+X、-X、+Y、-Y、+Z、-Z 中的某一按钮,该轴将向符号指定的方向移动一个增量值。增量值的大小受倍率波段开关控制。增量倍率波段开关的位置有×5、×1、×100、×1 000,其对应值分别为 0.001 mm、0.01 mm、0.1 mm 、1 mm。

d. 手动返回参考点:当工作方式为回参考点方式时,选择+X、+Y、+Z,并同时按压需返回参考点的坐标轴的坐标按钮,则该轴产生移动。待参考点返回结束后,参考点返回指示灯亮。

e. 手动控制机床其他动作:有手动攻螺纹,冷却液开、关,主轴正、反转,主轴停等。

⑥与自动运行有关的操作:

a. 自动运行与单段方式:当工作方式波段开关置于自动方式时,机床控制由控制系统自动完成;当置于单段方式时,程序控制将逐段执行,即运行一段后机床停止,再按一下"循环启动"按钮,即执行下一程序段,执行完了后又再次停止。

b. 自动运转启动:当工作方式波段开关置于自动方式时,在主菜单下按 F1 键,进入自动加工子菜单,按子菜单中"程序选择 F1",选择要运行的程序,按下"循环启动"按钮,自动运转启动,自动加工开始。自动加工期间,按钮内指示灯亮。

c. 自动运转暂停与再启动:在自动运行过程中,按下"进给保持"键,暂停执行程序,手动按下主轴停止、冷却液关,机床运动轴减速停止,刀具、主轴电机停止运行,暂停期间,按钮内指示灯亮;在自动运转暂停状态下,手动按下冷却液开、主轴正转,确认无误后按下"循环启动",系统将重新启动,从暂停前的状态继续运行。

d. 进给速度修调:在自动方式下,当进给速度偏高或偏低时,可用操作面板上的进给修调波段开关,修调实际进给速度。此开关可提供 10% ~140% 的修调范围。在点动方式时,此开关可调节点动速率。

e. MDI 运行:MDI 运行为自动方式下运行达到程序所要求的位置。可通过系统主菜单,按 F4→F6→输入目标程序→按"循环启动"键。

⑦其他操作:

a. 机床锁定:禁止机床坐标轴动作。在自动运行开始前,将"机床锁定"按钮按下,再按下"循环启动",机床显示的坐标位置信息变化,但不允许机床运动,用于切削模拟。

b. Z 轴锁定:在自动运行开始前,将"Z 轴锁定"按下,再按下"循环启动",Z 轴坐标位置信息变化,但 Z 轴不运动,禁止进刀。

c. M、S、T 锁定:禁止程序中辅助功能的执行。按下"MST 锁定"按钮后,除控制代码用 M00、M01、M02、M30、M98、M99 照常执行外,其他的 M、S、T 指令不产生动作。

(2)机床操作步骤

①依次打开各电源开关→电气柜开关→操作面板钥匙开→显示器→计算机主机电源开。执行华中铣削数控系统程序,进入系统软件界面后,其屏幕显示如图 3.1 所示。

②加工前机床调整:包括主轴上帽盖要装在合适位置,调整好机床主轴转速(停车变速,绝不允许开车调整机床主轴转速),调整好 X、Y 轴限位开关(由实习指导教师完成),加注润滑油,启动数控铣床,确定工件在机床工作台上的位置,装夹工件毛坯,装夹刀具,机床 Z 轴回参考点等。

③采用手动或步进工作方式,找正、对刀。

④输入、调用程序

a. 输入程序:在主菜单中按下 F2→按下 F1→程序选择→选"新程序"→进入编辑区,输入程序→F2 保存→输文件名"O××××"→按 F10,返回主菜单画面。

b. 调用内存程序进行编辑:主菜单 F2→F1→选择"程序选择"→选"内存程序"→进入编辑区,修改程序→F2 保存→覆盖原有程序→按 F10,返回主菜单画面。

⑤加工程序校验:将操作面板上"工作方式"设为"自动",按下"机床锁住""MST 锁住""Z 轴锁住"。在主菜单按 F1→F1→当前编辑程序→F3 程序校验→按下操作面板上的"循环启动",被校验的程序上有黄色的光标滚动,如程序有错,经故障诊断找出错误,按上一条顺序进行编辑、修改。

⑥加工轨迹校验:

a. 校验前先设置好显示参数:主菜单 F9→F1→选择图形显示参数→编辑各项参数→按 F10,返回主菜单。

b. 将操作面板上"工作方式"设为"自动",按下"机床锁住""MST 锁住""Z 轴锁住"。

在主菜单中按 F1→F1→当前编辑程序→F3→F9→按下操作面板上的"循环启动",即可显示轨迹。

⑦程序空运行校验:空运行校验前,机床 3 个锁住必须解除,手动操作下,将 Z 轴往正方向移动到某一高度(大于安全高度+工件厚度尺寸),然后操作面板上"工作方式"设为"自动";在主菜单中按 F1→F1→当前编辑程序→F9→显示模式选择三维图形或图形联合显示,

按下操作面板上的"循环启动",刀具在工件上方空运行,注意检查刀具运行轨迹。空运行后必须重新对刀。

⑧自动加工及自动加工中的注意事项:

a.自动加工:操作面板上工作方式设为自动,进给修调选用最小挡。在主菜单中按 F1→F1→当前编辑程序→F9→显示模式→选择合适显示模式→按下操作面板上的"循环启动",程序开始自动运行,机床开始加工零件。

b.只有通过校验后无误的程序才能进行自动加工。

c.及时对工件和刀具调整冷却液流量、位置。

d.即将切入工件前将进给修调值设置为较小值,加工过程中视加工余量进行调整。

e.遇紧急情况,立即按急停。

f.进给保持由指导教师指导操作。

⑨选择量具检测零件。

⑩打扫机床及周围环境卫生。

⑪关闭电源的顺序:按键盘"Alt+X"(若在 Windows 系统下,则要正常关闭系统)→关闭计算机主机电源开关→关显示器→关操作面板钥匙开关→关电气柜开关。

(3)安全操作注意事项

①操作人员不准擅离操作岗位,按规定穿戴好工作帽、工作服、防护眼镜。不准戴手套操作机床。

②主轴转速变换必须停车变速。

③Z 轴负方向极限设定:启动机床,对刀,设定好负软极限位置;以后在退出数控系统后再启动系统,第一步要做的事,就是 Z 轴必须回参考点。

④超程处理必须在指导教师的指导下进行。

⑤急停开关应用:在涉及人身或机床安全时或异常状态时,应按下急停开关;解除急停开关时,应顺着其标示的箭头方向旋转抬起。

⑥卸刀时须在低速时,即"L",并要求主轴停,否则刀卸不下来。卸刀装刀后,上方紧固扳手须卸下,并盖好帽后,才允许主轴转动。

2)加工型数控铣床的操作

(1)立式升降台数控铣床的操作

以南通数控立式升降台铣床 XK5025/4 为例,介绍其操作。

①机床主要参数。

a.工作台行程:X—680 mm、Y—350 mm。

b.主轴套筒行程:Z—130 mm。

c.升降台垂向行程:400 mm。

d.主轴孔锥度:ISO 30。

e.切削进给速度范围:0~350 mm/min。

f.主轴转速范围:有级 65~4 750 r/min。

②机床操作面板及其操作。

数控铣床 XK5025/4 的机床操纵台由 CRT-MDI 面板、机床操作面板等两个部分组成。CRT-MDI 面板已在第 2 章中介绍。该数控铣床操作面板如图 3.17 所示。

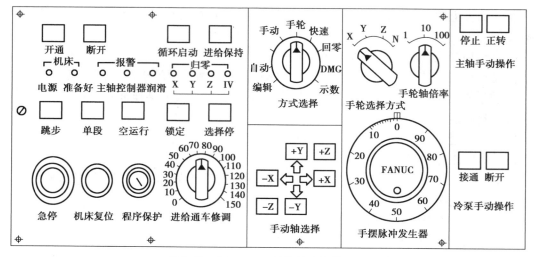

图 3.17　XK5025/4 数控铣床操作面板

该数控机床的操作如下：

A. 机床的开启。

a. 打开机床主机上强电控制柜开关。

b. 在确认"急停"按钮处于急停状态下，按"接通"键，系统即开始引导，并进入数控系统。

c. 解除"急停"，稍待片刻(约 3 s)，再按"机床复位"键，系统复位键(RESET)消除系统报警。

d. 进行手动回参考点操作后，即可进行机床的正常操作。

B. 手动操作。

a. "回零(REF)"手动返回参考点：将操作面板上的工作"方式选择"旋钮选择"回零"，"进给速率修调"旋钮打至中挡(低于80%)，须先选坐标轴+Z 回参考点，然后+X、+Y 依次序返回参考点，对应的 LED 将闪烁。注意，不允许停留在各轴零点位置上进行"回零"操作，距本轴零点位置距离必须大于 20 mm 以上。

b. 手动连续进给(JOG)：将工作"方式选择"旋钮选择"手动"，调整"进给速率修调"旋钮速率，选择合理的进给速度，根据需要按住"手动轴选择键(+/−、X、Y、Z)"不放，机床将在对应的坐标轴和方向上产生连续移动。如将工作"方式选择"旋钮选择"快速(JOG)"，机床将在对应方向上产生快速移动，其速度可通过进给速率修调旋钮调整。

c. 手轮(增量)进给(MND)：将工作"方式选择"旋钮选择"手轮"，"手轮选择方式"旋钮选择所需的轴(X、Y、Z)、"手轮轴倍率"旋钮选取增量倍率单位(×1、×10、×100)，顺时针(正向)或逆时针(负向)旋转"手摇脉冲发生器(手轮)"，每摇一个刻度，刀具在对应的轴向上移动 0.001 mm、0.01 mm、0.1 mm。

d. 超程处理：按住"机床复位"键，将工作"方式选择"旋钮选择"手轮"，"手轮选择方式"旋钮选择所需的轴(X、Y、Z)、"手轮轴倍率"旋钮选取增量倍率单位(×1、×10、×100)，向超程的反方向旋转"手摇脉冲发生器(手轮)"，即可解除超程(必须在指导教师的指导下进行)。

C. MDI 运行。

将工作"方式选择"旋钮选择"MDI"，按 MDI 键盘上"程序(PROG)"键，通过 MDI 键盘手工输入若干个程序段(不能超过 10 段，每输入完一个程序段，按 INPUT 键确认)，然后将光标移至程序头,按操作面板上的"循环启动"键,系统即可执行 MDI 程序。

D. 参考点的建立。

以 G54 为例,以工件坐标系原点作为参考点,其操作方法如下:

a. 手动返回参考点(没退出系统或系统没断电,且前面已作了返回参考点的,可不进行此步)。

b. 在手动方式下,按图纸和工艺要求用寻边器和 Z 轴对刀器等找正工件坐标系的原点。

c. 按 MDI 键盘上的"OFF SET/SETTING"键→按屏幕下方的章选择"坐标系"软键→通过光标移动键将光标移至 G54(零点偏值)设置栏 X 处→在 MDI 键盘上输入"x 0"→按屏幕下方的章选择的"测量"软键,G54 的 X 轴零点偏置值自动输入为机床坐标系中对刀的坐标值"−×××"。按以上同样方法操作将 Y、Z 值输入。

d. 按 MDI 键盘上的"位置(POS)"键→按屏幕下方的章选择"综合"→检查 G54 的 X、Y、Z 轴零点偏置值与当前机床坐标 X、Y、Z 值是否相同。

E. 刀具偏置设置。

按 MDI 键盘上的"OFF SET/SETTING"键→按屏幕下方的章选择"补正"软键→在屏幕上通过光标移动键将光标移至所选刀号→按 MDI 键盘数据键输入刀具半径补偿值或长度补偿值。

F. 编辑(EDIT)。

a. 创建新程序:将工作"方式选择"旋钮选择"编辑"→按 MDI 键盘上的"程序(PROG)"键→按 CRT 屏幕下方的章选择"DIR"软键→通过 MDI 键盘输入新程序文件名(O××××)→按 MDI 键盘上的"INSERT"键→通过 MDI 键盘输入程序代码,内容将在 CRT 屏幕上显示出来。

b. 程序查找:将工作"方式选择"旋钮选择"编辑"→按 MDI 键盘上的"程序(PROG)"键→通过 MDI 键盘输入要查找的程序文件名(O××××)→按 CRT 屏幕下方的章选择"O 检索"软键,屏幕上即可显示要查找的程序内容。

c. 程序修改:将工作"方式选择"旋钮选择"编辑"→按 MDI 键盘上的"程序(PROG)"键→通过 MDI 键盘输入要修改的程序文件名(O××××)→按 CRT 屏幕下方的章选择"O 检索"软键,屏幕上即可显示要修改的程序内容→使用 MDI 键盘上的光标移动键和翻页键,将光标移至要修改的字符处→通过 MDI 键盘输入要修改的内容→按 MDI 键盘上的程序编辑键"AL-TER""INSERT""DELETE"对程序进行"替代""插入"或"删除"等操作。

d. 程序删除:将工作"方式选择"旋钮选择"编辑"→按 MDI 键盘上的"程序(PROG)"键→通过 MDI 键盘输入要删除的程序文件名(O××××)→按 MDI 键盘上的"删除(DELETE)"键,即可删除该程序文件。

e. 程序字符查找:将工作"方式选择"旋钮选择"编辑"→按 MDI 键盘上的"程序(PROG)"键→通过 MDI 键盘输入要查找的程序文件名(O××××)→按 CRT 屏幕下方的章选择"O 检索"软键,屏幕上即可显示要查找的程序内容→通过 MDI 键盘输入要查找的字符→按屏幕下方的"检索↑"或"检索↓"软键,即可按要求向上或向下检索到要查找的字符。

G. 自动运行。

a. 程序的调入:将工作"方式选择"旋钮选择"编辑(EDIT)"键→按 MDI 面板上"程序(PROG)"键显示程序屏幕→在 MDI 键盘上输入要调入的程序文件名(O××××)→按 CRT 显示屏下的章选择"O 检索"软键,CRT 显示屏上将显示出所选程序内容。

b. 程序的校验：将工作"方式选择"旋钮选择"自动（MEM）"→按下→按 MDI 键盘上的"图形（GRAPH）"软键→按 CRT 显示屏下的章选择软键"参数"键，设置合理的图形显示参数→按"图形"软键，显示屏上将出现一个坐标轴图形→在机床操作面板上选取合理的进给速率→按机床操作面板上的"锁定""空运行"键→确认无误后按"循环启动"，即可进行程序校验，屏幕上将同时绘出刀具运动轨迹。

注意，若选取了程序"单段"键，则系统每执行完一个程序段就会暂停，此时必须反复按"循环启动"键。空运行完毕必须取消"锁定""空运行"键方能进行自动加工。

c. 自动加工：调入程序→将工作"方式选择"旋钮选择"自动（MEM）"→ 通过校验确认程序准确无误后→"进给速率修调"旋钮选择合理速率和加工过程显示方式→按操作面板上的"循环启动"键，即可进行自动加工。

注意，加工过程中，可根据需要选择多种显示方式，如图形、程序、坐标等。操作方法参见数控系统有关章节。

d. 加工过程处理。

● 加工暂停：按"进给保持"键，暂停执行程序→按主轴手动操作"停止"键可停主轴。

● 加工恢复：在"自动"工作方式下按主轴手动操作"正转"键→按冷泵手动操作"接通"键→按"循环启动"键，即可恢复自动加工。

● 加工取消：加工过程中若想退出，可按 MDI 键盘上的"复位（RESET）"键退出加工。

H. DNC 运行（RMT）。

DNC 加工，也称在线加工。将机床与计算机或网络联机→将工作"方式选择"旋钮选择"DNC"→按 MDI 面板上"程序（PROG）"键→在联机 NC 计算机准备完毕后→按操作面板上"循环启动"键。

I. 关机。

a. 检查操作面板上"循环启动"的显示灯，"循环启动"应在停止状态。

b. 检查 CNC 机床的所有可移动部件都处于停止状态。

c. 关闭与数控系统相连的外部输入/输出设备。

d. 按"急停"→按"断开"键，关闭数控系统电源，切断机床主机电源。

（2）安全操作规程

①学生初次操作机床，须仔细阅读数控车床《数控加工综合实践教程》或机床操作说明书，并在实训教师指导下操作。操作人员必须按操作规程正确操作，尽量避免操作不当引起故障。

②操作机床时，应按要求正确着装，严禁戴手套操作机床。

③按顺序开、关机。先开机床再开数控系统，先关数控系统再关机床。

④开机后首先进行返回机床参考点的操作，必须 Z 轴先回参考点，然后 X、Y 轴回参考点，以建立机床坐标系。

⑤手动操作沿 X、Y 轴方向移动工作台时，必须使 Z 轴处于安全高度位置，移动时应注意观察刀具移动是否正常。

⑥正确对刀，确定工件坐标系与机床坐标系之间的关系。

⑦程序调试好后，在正式切削加工前，检查一次程序、刀具、夹具、工件、参数等是否正确。

⑧刀具补偿值输入后，要对刀补号、补偿值、正负号、小数点进行认真核对。

⑨按工艺规程要求使用刀具、夹具、程序。执行正式加工前,应仔细核对输入的程序和参数,并进行程序试运行,防止加工中刀具与工件碰撞,损坏机床和刀具。

⑩装夹工件,要检查夹具是否妨碍刀具运动。

⑪试切进刀时,进给速率开关必须打到低挡。在刀具运行至工件表面 30～50 mm 处,必须在进给保持下,验证 Z 轴剩余坐标值和 X、Y 轴坐标值与加工程序数据是否一致。

⑫刃磨刀具或更换刀具后,要重新测量刀长并修改刀补值和刀补号。

⑬程序修改后,对修改部分要仔细计算和认真核对。

⑭手动连续进给操作时,必须检查各种开关所选择的位置是否正确,确定正负方向,再进行操作。

⑮开机后让机床空运转 15 min 以上,以使机床达到热平衡状态。

⑯加工完毕后,将 X、Y、Z 轴移动到行程的中间位置,并将主轴速度和进给速度倍率开关都拨至低挡位,防止误操作而使机床产生错误的动作。

⑰机床运行中,一旦发现异常情况,应立即按下红色急停按钮。待故障排除后,方可重新操作机床及执行程序。

⑱卸刀时应先用手握住刀柄,再按松刀开关;装刀时应在确认刀柄完全夹紧后再松手。装、卸刀过程中禁止运转主轴。

⑲出现机床报警时,应根据报警号查明原因,在教师的指导下及时排除。

⑳加工完毕,清理现场,并作好工作记录。

（3）数控铣床日常维护及保养

①保持良好的润滑状态,定期检查、清洗自动润滑系统,添加或更换油脂、油液,使丝杠、导轨等各运动部件始终保持良好的润滑状态,降低机械的磨损速度。

②精度的检查调整:定期进行机床水平和机床精度的检查,必要时进行调整。

③清洁防锈。

④防潮防尘:油水过滤器、空气过滤器等太脏,会发生压力不够、散热不好等现象并造成故障,必须定期进行清扫卫生。

⑤定期开机:数控铣床工作不饱满或较长时间不用,应定期开机让机床运行一段时间。

（4）立式床身型数控铣床的操作

以自贡长征立式床身型数控铣床 KV650/B 为例,介绍其操作。

①基本功能与主要参数。

数控铣床 KV650/B 配用 FANUC 0i Mate-MB 数控铣削系统。机床结构采用立式床身型布局,以提高机床的刚度和抗震性能。它适用于金属切削加工的需要,特别适用于模具行业中、小型零、部件的加工。其主要参数如下:

a. 主轴孔锥度:ISO40。

b. 主轴转速:4 500 r/min。

c. 主轴电机:4 kW。

d. 工作台及主轴行程:X— 660 mm、Y—460 mm、Z—510 mm。

e. 主轴端到工作台距离:150～660 mm。

f. 主轴中心至立柱面距离:480 mm。

g. 切削进给最大值:4 000 mm/min。

h. 快速移动最大值:4 000 mm/min。

i. 刀具型式:BT40。

j. 重复定位精度:±0.005mm。

k. 三轴定位精度:0.015/300。

②机床操作面板及其操作。

数控铣床 KV650/B 的机床操纵台由 CRT-MDI 面板、机床操作面板两个部分组成。CRT-MDI 面板已在第 2 章中介绍。该数控铣床操作面板如图 3.18 所示,其机床的操作如下:

a. 电子手轮为移动式,挂在机床操纵台旁。由"手摇脉冲发生器"(手轮)、"手轮选择方式"旋钮(X、Y、Z)、"手轮轴倍率"旋钮(×1、×10、×100)等组成。其功能和操作方法与数控立式升降台铣床 XK5025/4 的基本相同。

b. 程序启动即"循环启动"键;程序停止即"进给保持"键;程序复位即"机床复位"键。

c. 主轴速度修调为变频无级调速。

d. 排屑开停,水泵开停,主轴正、反转,主轴停止均为手动操作。

该数控机床的其他操作及安全注意事项等,请参照数控立式升降台铣床 XK5025/4 的有关部分。

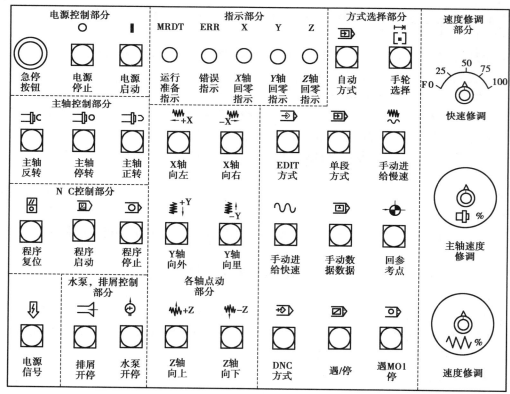

图 3.18 立式床身型数控铣床 KV650/B 操作面板

3)数控仿形钻铣床的操作

以数控仿形钻铣床 ZKF7532A 为例,说明其有关操作。

(1)仿形系统的基本原理

①仿形的基本原理:使用传感仿形头与 X 轴、Y 轴和 Z 轴的坐标系统相应地进行传感检测,通过仿形头传感的各轴的偏转信息,3 个轴的位移来合成综合位移,最后根据所选的仿形

方式(一维、二维、三维仿形)分配各轴的速度。

仿形头对各轴的偏转输出 ε_X、ε_Y、ε_Z、ε_D 中,根据仿形方式的不同,其相应的所使用的信号是不同的,具体见表3.3。

表 3.3　仿形方式与输出信号对照表

仿形方式	所用的信号
一维仿形	ε_D
二维仿形	ε_X、ε_Y、ε_D
三维仿形	ε_X、ε_Y、ε_Z、ε_D

②仿形的方式:仿形加工根据仿形头退让的方向,可以分为 3 种方式,即一维仿形、二维仿形、三维仿形。本部分只介绍一维仿形。

③一维仿形系统:一维仿形是指用 ε_D 对进给轴和仿形轴进行平面等速控制的仿形方式。一维仿形的时候,仿形头(也称测头)只有一个退让的方向,即沿着所选定的仿形轴的方向退让。

仿形系统的操作次面板如图 3.19 所示。

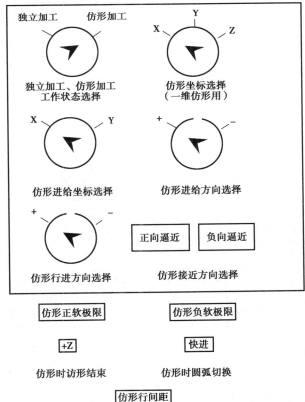

图 3.19　仿形系统的操作次面板

例如,指定 Z 轴为仿形轴,X 轴为进给轴时的一维仿形的仿形动作是判断 ε_D 的方向以决定 Z 的方向(是上升还是下降),再根据 ε_D 的大小决定 Z 轴的速度。

根据有无行的进给,一维仿形可以分为以下两种形式:

a. X-Y 平面上的一维仿形(无行的进给)。

b. Z-X 或 Z-Y 平面上的一维仿形(带 Y 轴或 X 轴方向上的行的进给)。

(2)仿形机床的操作面板及其操作

该仿形机床的操作面板有操作主面板、操作次面板和遥控操作面板。

①仿形机床的操作主面板及其操作:如图 3.20 所示,其有关按钮或开关的功能及操作,请参见前面介绍的华中Ⅰ型铣削数控系统和经济型数控铣床 ZJK7532 操作中的有关内容。

②仿形机床的操作次面板及其操作:如图 3.19 所示,自动仿形之前,工作状态要选择"仿形加工",工作方式要选择"自动",再按下"循环启动"按钮。仿形坐标选择波段开关在一维仿形时,有 3 个坐标轴(X、Y、Z 轴)可选择;仿形进给坐标选择波段开关在一维仿形时,有两个坐标轴(X、Y 轴)可选择;仿形进给方向选择波段开关在一维仿形时,有两个方向(正向、负向)可选择;仿形行进方向选择波段开关在一维仿形时,有两个方向(正向、负向)可选择;点逼近开关在一维仿形时,有两种逼近方式(正向逼近、负向逼近)可选择;仿形加工时,测头向实体起始接近方向由点逼近开关确定,即按下"循环启动"按钮后,测头并不立即动作,只有在按下点逼近开关后,测头才按指定方向缓慢接近实体。

③仿形机床的遥控面板及其操作:仿形机床的遥控操作面板上"循环启动""进给保持"等按钮与主面板上的对应按钮是"或"的关系,而"急停"与主面板上的对应按钮是"与"的关系,作用是同步的。遥控操作面板上的"仿形换行"用以手动控制测头或刀具的换行;"仿形确认"用以确认自动仿形开始;当主面板上的工作方式处于"点动"时,只有遥控操作面板上的工作方式处于"点动"时,才能进行点动操作。在"点动"方式时,"进给修调"为遥控操作面板上的有效,其他方式时,"进给修调"为主面板上的有效。当测头达到设定变形量,则遥控操作面板上的"测点指示灯"点亮,此时除变形量相反的轴方向点动外,其余轴和方向都不能点动。

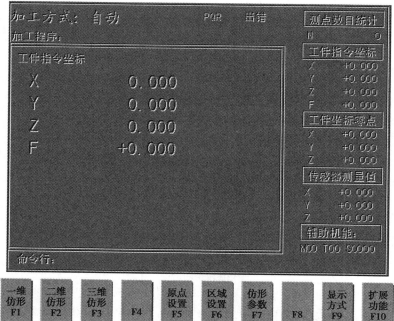

图 3.20 仿形铣床 ZKF7532A 主界面

（3）界面、菜单的功能及使用

①主界面：在开机后，进入仿形加工的交互主界面（主菜单），如图 3.19 所示。

②菜单：其结构如图 3.21 所示，各子菜单项功能如下：

a. 一维仿形、二维仿形及三维仿形：它们均在当前菜单起作用。如果要选择一维仿形的话，只要按下"一维仿形 F1"，就表示选择了该菜单，然后根据波段开关的选择，就可执行相应的仿形动作。

b. 原点设置：它是设置仿形系统的坐标原点。在仿形加工主菜单下按"原点设置 F5"，即可弹出其子菜单，可采用一点设置，也可采用三点设置（即分别采取不完全相同的三点的 X、Y、Z 坐标值）。点的选择应根据具体情况，由点动或步进把测头移动到恰当的位置，然后按 F1—F3 采样，并以最后设置为准。

c. 区域设置：它是设置仿形系统的仿形空间。在仿形加工主菜单下按"区域设置 F6"，即可弹出其子菜单，用来设置一个长方体的包容区。确定仿形系统 X、Y、Z 轴坐标值的正、负极限，可采用两点设置，也可采用六点设置（即分别采取不完全相同的六点的 X、Y、Z 坐标值）。点的选择应根据具体情况，由点动或步进把测头移动到恰当的位置，然后按 F1—F6 采样，并以最后设置值为准。仿形区域以仿形系统的原点为坐标原点。仿形测量时，测头必须在包容区内运动。

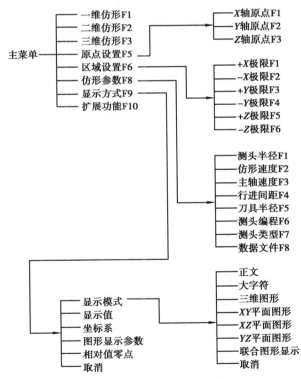

图 3.21　仿形铣床菜单结构

d. 仿形参数：它是设定仿形加工的各项参数。在仿形加工主菜单下按"仿形参数 F8"，即可弹出其子菜单，显示的参数内容分别为测头半径 F1、仿形速度 F2、主轴转速 F3、行进间距 F4、刀具半径 F5、测头偏置 F6、测头类型 F7、数据文件 F8 等。

注意：一维仿形时，如果仿形参数设置不全，则命令行提示：请检查仿形参数，并设置完全。各项参数的检查标准为测头类型不能为空,测头半径、测头偏置、刀具半径、仿形速度等不能为零。数据文件是定义仿形数据外存时的文件名。该项为非空时,仿形数据才存储于盘上。

e. 显示方式:在仿形加工主菜单下按"显示方式 F9",即可弹出其子菜单。这些选项用以选定图形在屏幕上的显示模式,设置特性显示的参数,并且选择图形显示方式,在正文窗口将显示当前的加工轨迹。

(4)一维仿形加工的操作

一般操作过程如下:

①合上电源开关。

②合上电柜开关(在机床后面的电柜侧面)。

③把面板上的电源开关拨到"开"的位置。

④进入仿形加工的主菜单:

a. 计算机开机,打开 DOS 系统。

b. 键入 C:\>CD JFX3 ✓。

c. 键入 C:\JFX3\>FX ✓。

此时,观察传感器 ε_X、ε_Y、ε_Z 的跳动,如果其数字不跳动或是其数字跳动范围太大,则都表明仿形系统有故障,需检查调整,跳动值一般不得超过 0.1。

⑤选择加工状态(必须选择仿形加工)。

⑥选择仿形方式(必须选择一维仿形,并将仿形坐标轴指向 Z 轴)。

⑦根据仿形方式和刀具/测头的位置选择相应的仿形轴、进给轴和行的进给轴。对于华中数控系统而言,一般为 X 轴,相应的行的进给轴为 Y 轴。当然,仿形进给轴也可为 Y 轴,这时相应的行的进给轴为 X 轴。

⑧仿形进给方向的确认:+、−。

⑨仿形行的进给方向的确认:+、−。

⑩仿形行间距确认(内部行进间距×倍率)。

⑪存测量数据(可以不存):文件扩展名为"∗.sim",存于 JFX3 子目录中,不输入文件名就不存。

⑫扩展功能:按 F10→F6→输入文件名。

⑬输出文件名:文件名以 O 开头。

⑭安全高度(提刀高度):一般取 100 mm。

⑮设置 X 轴、Y 轴和 Z 轴的放大比例。

⑯凸凹模转换:从⑪到⑯的操作完毕后,可以在零件加工完毕后,自动生成操作代码,形成文件。

⑰原始设置:在存储数据之前进行以下设置:

a. 对仿形点:模型的最低点。

b. 对加工区域:X、Y 区域值。

⑱把工作方式波段开关拨到"自动"。

⑲按"循环启动"。

⑳按"逼近"("+"或"−")进行刀具及测头接近工作。

㉑确认接近后正常,按"仿形确认",开始自动加工。

㉒加工完毕后,屏幕会有提示,按"Esc"(在键盘上操作)停止,再敲任意键返回。可以从⑥开始重复加工。

㉓当所有的加工都完成后,把面板上电源开关拨到"关"的位置,然后把电柜开关拉下,最后拉下总电源闸刀开关。

简要操作步骤:当进入仿形操作系统以后,按 F1→打自动→主轴正转→拨进给修调到30%→逼近(正负向)→仿形确认→开始自动仿形加工。

进行仿形加工必须满足启动条件和停止条件,有关条件请参阅操作手册。

3.1.4 SIEMENS 802S 数控铣床基本操作

1)SIEMENS 802S 数控铣削系统面板基本操作

SIEMENS 802S 数控铣削系统操作面板如图 3.22 所示。其界面分区和键盘键名含义见表3.4。

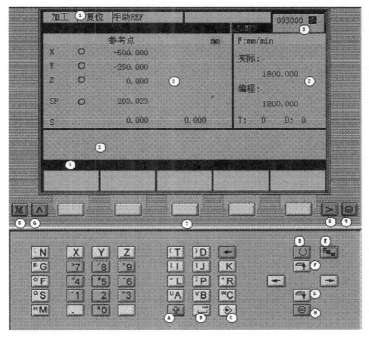

图 3.22 数控铣削系统操作面板

表 3.4 界面分区和键盘键名含义

序号	键名及意义	序号	键名及意义
1	状态栏	A	Shift 键
2	工作窗口	B	空格
3	警告框	C	输入确认键
4	软键	D	选择键
5	加工域切换键(切换到加工状态)	E	垂直菜单键(提示栏出现 ▤ 时)

续表

序号	键名及意义	序号	键名及意义
6	返回键(提示栏出现 ◤ 时用)	F	向上/向上翻页
7	提示栏	G	向下/向下翻页
8	扩展菜单(提示栏出现 ▶ 时用)	H	警告取消键
9	区域切换键		

SIEMENS 802S 机械操作面板如图 3.23 所示。

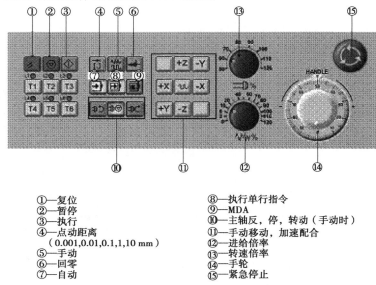

①—复位
②—暂停
③—执行
④—点动距离
　　(0.001,0.01,0.1,1,10 mm)
⑤—手动
⑥—回零
⑦—自动
⑧—执行单行指令
⑨—MDA
⑩—主轴反,停,转动(手动时)
⑪—手动移动,加速配合
⑫—进给倍率
⑬—转速倍率
⑭—手轮
⑮—紧急停止

图 3.23　SIEMENS 802S 机械操作面板

2)基本操作

(1)回参考点操作

①先检查一下各轴是否在参考点的内侧,如不在,则应手动回到参考点的内侧,以避免回参考点时产生超程。

②检查操作面板上"手动"和"回原点"按钮是否处于按下状态 ，否则点击这两个按钮 ，使其呈按下状态,机床进入回零模式,CRT 界面的状态栏上显示"手动 REF"。

③分别按+X、+Y、+Z 轴移动方向按键,直至各轴返回参考点,回参考点后,相应的指示灯将点亮。

(2)点动、步进、手轮操作

①点击操作面板上的手动按钮 ，使其呈按下状态 。

②"增量"时需点击 按钮选择适当的进给倍率。初始状态下,进给倍率为 0.001 mm,再次点击进给倍率为 0.01 mm,通过点击 按钮,进给倍率可在 0.001 mm 至 1 mm 之间切换。

③按机床操作面板上的"+X""+Y"或"+Z"键,则刀具相对工件向 X、Y 或 Z 轴的正方向

移动,按机床操作面板上的"−X""−Y"或"−Z"键,则刀具相对工件向 X、Y 或 Z 轴的负方向移动。

④如欲使某坐标轴快速移动,只要在按住某轴的"+"或"−"键的同时,按住中间的"快移"键即可。

⑤在增量模式下,左右旋动手轮可实现当前选择轴的正、负方向的移动。

(3)MDA 操作

点击操作面板上的 MDA 模式按钮 ,使其呈按下状态 ,机床进入 MDA 模式,此时 CRT 界面出现 MDA 程序编辑窗口。

点击操作面板上的 按钮,显示键盘,输入指令(操作类似于数控程序处理)。

输入完一段程序后,点击操作面板上的"运行开始"按钮 ,运行程序。

(4)程序输入及调试

①选择一个已有的数控程序。

点击操作面板上的"自动"按钮 ,使其呈按下状态  。CRT 界面上显示数控程序目录,如图 3.24 所示。

点击数控面板键盘上的方位键 、,光标在数控程序名中移动。光标停留在所要选择的数控程序名上,按软键"选择",数控程序被选中,可以用于自动加工运行。此时 CRT 界面右上方显示选中的数控程序名。若按软键"打开",数控程序被打开,可以用于编辑;若按软键"删除",选中的数控程序被删除;若按软键"重命名",在弹出"改换程序名"对话框中输入新的程序名,按软键"确认"即可;若按软键"拷贝",在弹出"复制"对话框输入复制的目标文件名,按软键"确认"即可。

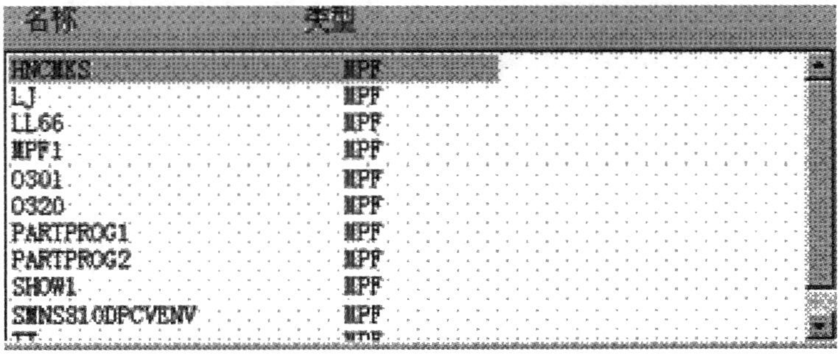

图 3.24　CRT 界面

②新建一个数控程序。

点击操作面板上的  按钮,CRT 界面下方显示软键菜单条。

按软键"程序",在弹出的下级子菜单中按扩展键 ,在子菜单中按软键"新程序",弹出"新程序"对话框,在"请指定新程序名"栏中输入新建的数控程序的程序名,按软键"确认",完成数控程序的新建。此时 CRT 界面上显示一个空的程序编辑界面。

③编辑数控程序。

在选择"打开"或"新建"一个数控程序时,即可利用光标键和编辑键来编辑修改或输入程序内容。

在数控程序编辑界面中,点击键盘上的方位键 ⬆、⬇、←、→,使光标移动到所需位置。

插入:将光标移动到所需插入字符的后一位置处,输入所需插入的字符,字符被插在光标前面。

删除:将光标移动到所需删除字符的后一位置处,按键盘上的 ← 按钮,可将字符删除。

搜索:数控程序编辑界面中,按软键"搜索",在弹出的对话框中输入所要查找的字符串,按软键"确认",则系统从光标停留的位置开始查找,找到后,光标停留在字符串的第一个字符上,且对话框消失。若没有找到,则光标不移动,且系统弹出错误报告,按软键"确认"可以取消错误报告。需要继续查找同一字符时,按软键"继续搜索",则系统从光标停留的位置继续开始查找。

另外,可以使用软键"标记"来定义块,并可进行块复制、块粘贴及块删除等块操作。

插入固定循环:在数控程序编辑界面,将光标移动到需要插入固定循环等特殊语句的位置,点击键盘上的 按钮,即可在弹出的列表中选择插入固定循环、宏语句等。

若选择了"LCYCL"→"LCYC82"后点击 ➡ 确认,则弹出如图3.25所示循环参数设置界面。完成参数设置后,按软键"确认",该语句即被插入指定位置。

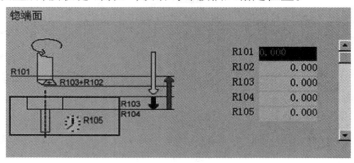

图3.25 循环参数设置界面

④运行数控程序。

点击操作面板上的"自动模式"按钮 ➡,使其呈按下状态 ➡,机床进入自动加工模式,选好待加工程序后,点击操作面板上的"运行开始"按钮 ◈,即可开始自动加工,数控程序在运行过程中,点击"循环保持"按钮 ◎,程序暂停运行,机床保持暂停运行时的状态。再次点击"运行开始"按钮 ◈,程序从暂停行开始继续运行。

⑤工件坐标系和刀补设置。

点击操作面板上的 按钮,CRT界面下方显示软键菜单条,按软键"参数",在弹出的下级子菜单中按软键"零点偏移",在弹出的如图3.26所示的"可设置零点偏移"界面中,可进行G54—G57的预置工件坐标零点的设置。若按软键"刀具补偿",在弹出的下级子菜单中按软键"<<T"或"T>>"进入T-号为"1"的"刀具补偿数据"对话框中,如图3.27所示,可设置刀补数据。

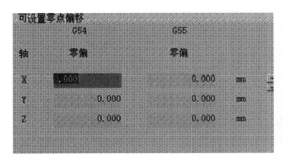

图 3.26　设置零点偏移

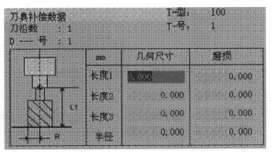

图 3.27　设置刀补数据

⑥注意事项。

给定的数控程序名需以两个英文字母开头,或以字母 L 开头,或跟不大于 7 位的数字;SI-EMENS 802S 数控系统的 M 指令基本和 FANUC 数控系统相同,很多 G 指令功能也类似,但格式有所区别,一定要完全熟悉后才可调试运行。

⑦实训报告要求。

比较一下 SIEMENS 802S 系统和 FANUC-0i 系统的基本指令功能及其格式,找出其主要区别;简要叙述 SIEMENS 802S 数控系统对刀及设置工件零点的操作过程;用 SIEMENS 802S 的圆周阵列钻孔循环指令格式编写第 3 篇宏编程实训项目中铣削阵列钻孔例程图形的加工程序。

3.1.5　对刀及工件坐标系的设定

【任务目的】掌握工件安装与刀具安装;掌握对刀操作与工件坐标系的设定。

【任务实施】

(1)工件的安装与找正

在进行对刀前,需完成必要的准备工作,即工件和刀具的装夹。铣床及加工中心上中常用的夹具有平口钳、分度头、三爪卡盘和平台夹具等。以在平口钳上装夹工件为例说明工件的装夹步骤。

①把平口钳安装在加工中心工作台面上,加工中心两固定钳口与 X 轴基本平行并张开到最大。

②把装有杠杆百分表的磁性表座吸在主轴上。

③使杠杆百分表的触头与固定钳口接触。

④在 X 方向找正,直到百分表的指针在一个格内晃动为止,最后拧紧平口钳固定螺母。

⑤根据工件的高度情况,在平口钳钳口内放入形状合适和表面质量较好的垫铁后,再放入工件,一般是工件的基准面朝下,与垫铁表面靠紧,然后拧紧平口钳。在放入工件前,机床要对工件、钳口和垫铁的表面进行清理,以免影响加工质量。

⑥在 X、Y 两个方向找正,直到百分表的指针在一个格内晃动为止。

⑦取下磁性表座,夹紧工件,加工中心工件装夹完成。

装夹毛坯时将毛坯放在机床工作范围的中部,以防机床超程。用平口钳夹持工件时,夹持方向应选择零件刚度最好的方向,以防弹性变形。空心薄壁零件宜用压板固定。毛坯装夹时要清洁铣床工作台、平口钳钳口等,以防铁屑引起定位不准。要特别注意留出走刀空间,防止刀具与平口钳、压板、压板的紧固螺钉相撞。

（2）刀具的安装

使用刀具时，首先应确定数控铣床要求配备的刀柄及拉钉的标准和尺寸（这一点很重要，一般规格不同无法安装），根据加工工艺选择刀柄、拉钉和刀具，并将它们装配好，然后装夹在数控铣床的主轴上。

①手动换刀过程。手动在主轴上装卸刀柄的方法如下：

a.确认刀具和刀柄的质量不超过机床规定的许用最大质量。

b.清洁刀柄锥面和主轴锥孔。

c.左手握住刀柄，将刀柄的键槽对准主轴端面键垂直伸入主轴内，不可倾斜。

d.右手按下换刀按钮，压缩空气从主轴内吹出以清洁主轴和刀柄，按住此按钮，直到刀柄锥面与主轴锥孔完全贴合后，松开按钮，刀柄即被自动夹紧，确认夹紧后方可松手。

e.刀柄装上后，用手转动主轴检查刀柄是否正确装夹。

f.卸刀柄时，先用左手握住刀柄，再用右手按换刀按钮（否则刀具从主轴内掉下，可能会损坏刀具、工件和夹具等），取下刀柄。

②注意事项。在手动换刀过程中应注意以下问题：

a.应选择有足够刚度的刀具及刀柄，同时在装配刀具时保持合理的悬伸长度，以避免刀具在加工过程中产生变形。

b.卸刀柄时，必须要有足够的动作空间，刀柄不能与工作台上的工件、夹具发生干涉。

c.换刀过程中严禁主轴运转。

（3）对刀操作

对刀的目的是通过刀具或对刀工具确定工件坐标系与机床坐标系之间的空间位置关系，并将对刀数据输入相应的存储位置。它是数控加工中很重要的操作内容，其准确性将直接影响零件的加工精度。

对刀操作分为 X、Y 向对刀和 Z 向对刀。

①对刀方法。根据现有条件和加工精度要求选择对刀方法，可采用试切法对刀、寻边器对刀、机内对刀仪对刀、自动对刀等。其中，试切法对刀精度较低；加工中常用寻边器对刀和 Z 向设定器对刀，其效率高，能保证对刀精度。

②对刀工具。

a.寻边器：寻边器主要用于确定工件坐标系原点在机床坐标系中的 X、Y 值，也可以测量工件的简单尺寸。

寻边器有偏心式和光电式等类型，其中以光电式较为常用。光电式寻边器的测头一般为 10 mm 的钢球，用弹簧拉紧在光电式寻边器的测杆上，碰到工件时可以退让，并将电路导通，发出光信号，通过光电式寻边器的指示和机床坐标位置即可得到被测表面的坐标位置，具体使用方法见下述对刀实例。

b.Z 轴设定器：Z 轴设定器主要用于确定工件坐标系原点在机床坐标系的 Z 轴坐标，或者说是确定刀具在机床坐标系中的高度。

Z 轴设定器有光电式和指针式等类型，通过光电指示或指针判断刀具与对刀器是否接触，对刀精度一般可达 0.005 mm。Z 轴设定器带有磁性表座，可以牢固地附着在工件或夹具上，其高度一般为 50 mm 或 100 mm，如图 3.28 所示。

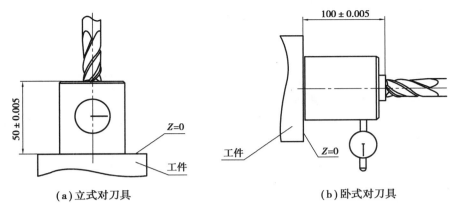

(a) 立式对刀具　　　　　　　　(b) 卧式对刀具

图 3.28　Z 轴设定器使用

c. 对刀操作：完成如图 3.29 所示的对刀操作。

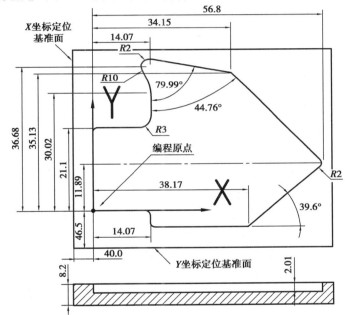

图 3.29　对刀操作示意图

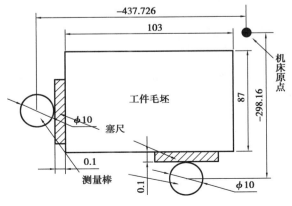

图 3.30　X、Y 向对刀方法

在选择了如图 3.31 所示的被加工零件图样,并确定了编程原点位置后,可按以下方法进行加工坐标系设定:

a. 准备工作:机床回参考点,确认机床坐标系。

b. 装夹工件毛坯:通过夹具使零件定位,并使工件定位基准面与机床运动方向一致。

c. 对刀测量:用简易对刀法测量,其方法是用直径为 10 mm 的标准测量棒、塞尺对刀,假设得到测量值为 $X=-437.726,Y=-298.160$。如图 3.18 所示。$Z=-31.833$,如图 3.31 所示。

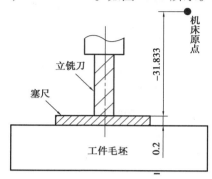

图 3.31　Z 向对刀方法

d. 计算设定值:按图 3.30 所示,将前面已测得的各项数据,按设定要求运算。

X 坐标设定值:$X=-437.726+5+0.1+40=-392.626$ mm。

其中,-437.726 mm 为 X 坐标显示值;$+5$ mm 为测量棒半径值;$+0.1$ mm 为塞尺厚度;$+40.0$ 为编程原点到工件定位基准面在 X 坐标方向的距离。

Y 坐标设定值:$Y=-298.160+5+0.1+46.5=-246.46$ mm。

其中,如图 3.30 所示,-298.160 mm 为坐标显示值;$+5$ mm 为测量棒半径值;$+0.1$ mm 为塞尺厚度;$+46.5$ 为编程原点到工件定位基准面在 Y 坐标方向的距离。

Z 坐标设定值:$Z=-31.833-0.2=-32.033$ mm。

其中,-31.833 为坐标显示值;-0.2 为塞尺厚度,如图 3.31 所示。

通过计算结果为:$X=-392.626;Y=-246.460;Z=-32.033$。

e. 设定加工坐标系:将开关放在 MDI 方式下,进入加工坐标系设定页面。输入数据为:$X=-392.626;Y=-246.460;Z=-32.033$。

表示加工原点设置在机床坐标系的 $X=-392.626;Y=-246.460;Z=-32.033$ 的位置上。

f. 校对设定值:对初学者,在进行了加工原点的设定后,应进一步校对设定值,以保证参数的正确性。校对工作的具体过程为在设定了 G54 加工坐标系后,再进行回机床参考点操作,其显示值为:$X=+392.626,Y=+246.460,Z=+32.033$。

这说明在设定了 G54 加工坐标系后,机床原点在加工坐标系中的位置为:$X=+392.626,Y=+246.460,Z=+32.033$。

这反过来说明 G54 的设定值是正确的。

3.2　数控铣床基本编程指令介绍

3.2.1　FAUNC 数控铣床基本编程指令

（1）G 功能

G 功能是命令机械准备以何种方式切削加工或移动。以地址 G 后面接两位数字组成，其范围由 G00～G99，不同的 G 代码代表不同的意义与不同的动作方式，见表 3.5。

表 3.5　G 代码

代码	功能	组别	代码	功能	组别
★G00	快速定位	01	G52	局部坐标系统	00
G01	直线插补		★G54	选择第 1 工件坐标系	12
G02	顺时针插补		G55	选择第 2 工件坐标系	
G03	逆时针插补		G56	选择第 3 工件坐标系	
G04	暂停	00	G57	选择第 4 工件坐标系	
G09	确定停止检验		G58	选择第 5 工件坐标系	
G10	自动原点补正,刀具补正设定		G59	选择第 6 工件坐标系	
★G17	XY 平面选择	02	G73	高速深孔钻循环	09
G18	XZ 平面选择		G74	攻左螺纹循环	
G19	YZ 平面选择		G76	精镗孔循环	
G20	英制单位输入选择	06	★G80	取消固定循环	
G21	米制单位输入选择		G81	钻孔循环	
★G27	参考点返回检查	00	G82	沉孔钻孔循环	09
G28	参考点返回		G83	深孔钻循环	
G29	由参考点返回		G84	攻右螺纹循环	
G30	第 2、3、4 参考点返回		G85	铰孔循环	
G33	螺纹切削	01	G86	背镗循环	
★G40	取消刀具半径补偿	07	★G90	绝对坐标编程	03
G41	左刀补		G91	增量坐标编程	00
G42	右刀补		G92	定义编程原点	
G43	刀具长度正补偿	08	★G94	每分钟进给量	05
G44	刀具长度负补偿		★G98	Z 轴返回起始点	10
★G49	取消刀具长度补偿		G99	Z 轴返回 R 点	

注:①标有★的 G 代码为电源接通时的状态。

②"00"组的 G 代码为非续效指令,其余为续效代码。

③如果同组的 G 代码出现在同一程序中,则最后一个 G 代码有效。

④在固定循环中,如果遇到 01 组的 G 代码,固定循环被取消。

（2）M 功能

数控铣床和加工中心的 M 功能与数控车床基本相同，详情请参考第 4 章内容。

（3）F、S、T 功能

①F 功能。F 功能用于控制刀具移动时的进给速度，F 后面所接数值代表每分钟刀具进给量（mm/min），为续效代码。

实际进给速度 v 的值可计算为

$$v_F = f_z \times z \times n$$

式中　f_z——铣刀每齿的进给量，mm/齿；

　　　z——铣刀的刀刃数；

　　　n——刀具的转速，r/min。

②S 功能。S 功能用于指令主轴转速（m/min），S 代码后面接 1～4 位数字组成。

③T 功能。铣床无 ATC，必须用人工换刀，T 功能只能用于加工中心。T 代码后面接两位数字组成。

不同的数控机床，其换刀程序是不同的，通常选刀和换刀分开进行，换刀动作必须在主轴停转条件下进行。换刀完毕启动主轴后，方可执行下面程序段的加工动作，选刀动作可与机床的加工动作重合起来，即利用切削时间进行选刀。因此，换刀 M06 指令必须安排在用新刀具进行加工的程序段之前，而下一个选刀指令 T×× 常紧接安排在这次换刀指令之后。

多数加工中心都规定了"换刀点"位置，即定距换刀，主轴只有走到这个位置，机械手才能执行换刀动作。一般立式加工中心规定换刀点的位置在 Z0 处（即机床 Z 轴零点），当控制机接到选刀 T 指令后，自动选刀，被选中的刀具处于刀库最下方；接到换刀 M06 指令后，机械手执行换刀动作。换刀程序可采用两种方法设计。

方法一：N010 G00 Z0 T02；

　　　　N011 M06；

返回 Z 轴换刀点的同时，刀库将 T02 号刀具选出，然后进行刀具交换，换到主轴上的刀具为 T02，若 Z 轴回零时间小于 T 功能执行时间（即选刀时间），则 M06 指令等刀库将 T02 号刀具转到最下方位置后才能执行。这种方法占用机动时间较长。

方法二：N010 G01 Z…T02

　　　　⋮

　　　　N017 G00 Z0 M06

　　　　N018 G01 Z…T03

　　　　⋮

N017 程序段换上 N010 程序段选出 T02 号刀具；换刀后，紧接着选出下次要用的 T03 号刀具，在 N010 程序段和 N018 程序段执行选刀时，不占用机动时间，这种方式较好。

（4）编程应注意的几个问题

①数控装置初始状态设定。当机床的电源打开时，数控装置将处于初始状态。开机后数控装置的状态可通过 MDI 方式更改，且会因为程序的运行而发生变化，为了保证程序的运行安全，建议在程序的开始应有程序初始状态设定程序段，如图 3.32 所示。

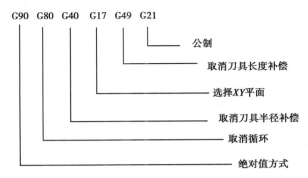

图 3.32　数控装置初始状态设定

②工件坐标系设置。数控机床一般在开机后需要"回零"才能建立机床坐标系。一般在正确建立机床坐标系之后可用 G54~G59 设定 6 个工件坐标系。在一个程序中,最多可设定 6 个工件坐标系,如图 3.33 所示。

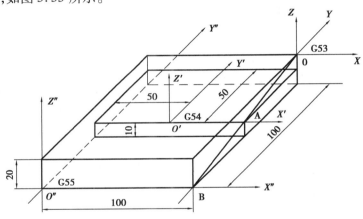

图 3.33　设置加工坐标系

安全高度的确定对于铣削加工来说,起刀点和退刀点必须离开加工零件上表面有一个安全高度,保证刀具在停止状态时,不与加工零件和夹具发生碰撞。在安全高度位置时刀具中心所在的平面也称为安全面。

③进刀/退刀方式的确定。对铣削加工,刀具切入工件的方式不仅影响加工质量,还直接关系到加工的安全。对二维轮廓加工,一般要求从侧面进刀或沿切线方向进刀,尽量避免垂直进刀。退刀方式应从侧向或切向退刀。刀具从安全高度下降到切削高度时,应离开工件毛坯边缘一定距离,不能直接贴着加工零件理论轮廓直接下刀,以免发生危险。

(5)基本移动指令

基本移动指令包括快速定位、直线插补和圆弧插补 3 个指令。

①快速定位(G00)。该指令控制刀具从当前所在位置快速移动到指令给出的目标点位置,只能用于快速定位,不能用于切削加工。

指令格式:G00 X__Y__Z__。

X、Y、Z:目标点坐标。

注意:

a.当 Z 轴按指令远离工作台时,先 Z 轴运动,再 X、Y 轴运动。当 Z 轴按指令接近工作台时,先 X、Y 轴运动,再 Z 轴运动。

b. 不运动的坐标可以省略,省略的坐标轴不做任何运动。

c. 目标点的坐标值可以用绝对值,也可以用增量值。

d. G00 功能起作用时,其移动速度为系统设定的最高速度。

②直线插补(G01)。该指令控制刀具以给定的进给速度从当前位置沿直线移动到指令给出的目标位置。其指令格式:G01 X__Y__Z__F__;其中,X、Y:目标点坐标;F:进给速度。

如图 3.34 所示编程实例:

a. 绝对值方式编程:G90 G01 X40 Y30 F300。

b. 增量值方式编程:G91 G01 X30 Y20 F300。

③圆弧插补(G02 或 G03)。该指令控制刀具在指定坐标平面内以给定的进给速度从当前位置(圆弧起点)沿圆弧移动到指令给出的目标位置(圆弧终点)。G02 为顺时针圆弧插补指令,G03 为逆时针圆弧插补指令。

加工零件均为立体的,在不同平面上其圆弧切削方向如图 3.35 所示,其指令格式如下:

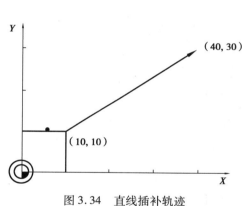

图 3.34　直线插补轨迹

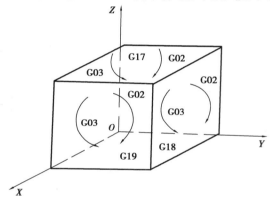

图 3.35　不同平面上顺逆圆弧方向

a. 在 X-Y 平面上的圆弧:

$$G17 \begin{Bmatrix} G02 \\ G03 \end{Bmatrix} X\_Y\_ \begin{Bmatrix} I\_J\_ \\ R\_ \end{Bmatrix} F\_$$

b. 在 X-Z 平面上的圆弧:

$$G18 \begin{Bmatrix} G02 \\ G03 \end{Bmatrix} X\_Z\_ \begin{Bmatrix} I\_K\_ \\ R\_ \end{Bmatrix} F\_$$

c. 在 Y-Z 平面上的圆弧:

$$G19 \begin{Bmatrix} G02 \\ G03 \end{Bmatrix} Y\_Z\_ \begin{Bmatrix} J\_K\_ \\ R\_ \end{Bmatrix} F\_$$

X、Y、Z 为圆弧终点坐标值,可以在 G90 下用绝对坐标,也可以在 G91 下用增量坐标。在增量方式下,圆弧终点坐标是相对于圆弧起点的增量值。I、J、K 表示圆弧圆心的坐标,它是圆心相对起点在 X、Y、Z 轴方向上的增量值,也可以理解为圆弧起点到圆心的矢量(矢量方向指向圆心)在 X、Y、Z 轴上的投影,与前面定义的 G90 或 G91 无关。R 是圆弧半径,当圆弧始点到终点所移动的角度小于180°时,半径 R 用正值表示,当从圆弧始点到终点所移动的角度超过

180°时,半径 R 用负值表示,正好 180°时,正负均可。应注意,整圆编程时不可以使用 R,应使用 IJK 形式。

④暂停指令(G04)。该指令控制系统按指定时间暂时停止执行后续程序段。暂停时间结束则继续执行。该指令为非模态指令,只在本程序段有效。

指令格式:G04 P__或 G04 X(U)__。

程序在执行到某一段后,需要暂停一段时间,进行某些人为的调整,这时用 G04 指令使程序暂停,暂停时间一到,继续执行下一段程序。G04 的程序段里不能有其他指令。暂停时间的长短可以通过地址 X(U)或 P 来指定。

其中,P 后面的数字为整数,单位为 ms;X(U)后面的数字为带小数点的数,单位为 s。

⑤刀具补偿指令。数控机床在实际加工过程中是通过控制刀具中心轨迹来实现切削加工任务的。在编程过程中,为了避免复杂的数值计算,一般按零件的实际轮廓来编写数控程序,但刀具具有一定的半径尺寸,如果不考虑刀具半径尺寸,那么加工出来的实际轮廓就会与图纸所要求的轮廓相差一个刀具半径值。可以采用刀具半径补偿功能来解决这一问题。

A. 刀具半径补偿(G40、G41、G42)。

a. 刀具半径补偿的方法。

铣削加工刀具半径补偿分为刀具半径左补偿(G41)和刀具半径右补偿(G42)。当刀具中心轨迹沿前进方向位于零件轮廓左边时为左补偿;反之为右补偿。如不需要进行刀具半径补偿时,则用 G40 取消刀具半径补偿。

建立刀具半径补偿的格式:

G17/G18/G19 G00/G01 G41/G42 α β D ;

取消刀具半径补偿指令格式为:

G00/G01 G40 α β ;

其中,α、β 为 X、Y、Z 三轴中配合平面选择(G17、G18 、G19)的任意两轴;D 为刀具半径补偿号码,以 1~2 位数字表示。

b. 使用刀具半径补偿注意事项。

机床通电后,为取消半径补偿方式,G41、G42、G40 不能与 G02、G03 一起使用,只能与 G00 和 G01 一起使用,且刀具必须要移动。

在程序中用 G42 指令建立右刀补,铣削时对工件将产生逆铣效果,常用于粗铣;用 G41 指令建立左刀补,铣削时对工件将产生顺铣效果,常用于精铣。

一般情况下,刀具半径补偿量应为正值,如果补偿为负,则 G41 和 G42 正好相互替换。

建立刀具半径补偿后,不能出现连续两个程序段无选择补偿坐标平面的移动指令,否则数控系统无法计算程序中刀具轨迹交点坐标,可能产生过切现象。

在补偿状态下,铣刀的直线移动量及铣削内侧圆弧的半径值要大于或等于刀具半径,否则补偿时会产生干涉,系统在执行程序段时将会产生报警,停止执行。

B. 刀具长度补偿(G43、G44、G49)。

数控铣床或加工中心所使用的刀具,每把刀的长度都不相同,同时,刀具的磨损或其他原因引起的刀具长度发生变化,使用刀具长度补偿指令,可使每一把刀具加工出来的深度尺寸都正确,如图 3.36 所示。

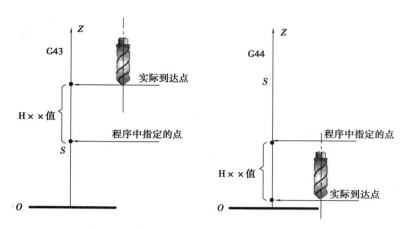

图 3.36 刀具长度补偿

编程格式:G01 G43 H__Z__;刀具长度正补偿。

G01 G44 H__Z__;刀具长度负补偿。

G01 G49 Z__;刀具长度注销。

功能:编程时假定的理想刀具长度与实际使用的刀具长度之差作为偏置设定在偏置存储器 D01～D99 中。在实际使用的刀具选定后,将其与编程刀具长度的差值事先在偏置寄存器中设定,就可以实现用实际选定的刀具正确的进行加工,而不必对加工程序进行修改,这组指令缺省值是 G49。

刀具长度补偿返回参考点检查(G27) 程序中的这项功能,用于检查机床是否能准确返回参考点。

指令格式:G27 X__Y__Z ;

当执行 G27 指令后,返回各轴参考点指示灯分别点亮。当使用刀具补偿功能时,指示灯是不亮的,在取消刀具补偿功能后,才能使用 G27 指令。当返回参考点校验功能程序段完成,需要使机械系统停止,必须在下一个程序段后增加 M00 或 M01 等辅助功能或在单程序段情况下运行。

⑥自动返回参考点(G28)。

该指令可使坐标轴自动返回参考点。

指令格式:G28 X__Y__Z__;

其中,X、Y、Z 为中间点位置坐标,指令执行后,所有的受控轴都将快速定位到中间点,然后从中间点到参考点。

G28 指令一般用于自动换刀,使用 G28 指令时,应取消刀具的补偿功能。

⑦从参考点返回(G29)。

该指令的功能是使刀具由机床参考点经过中间点到达目标点。

指令格式:G29 X__Y__Z__;

这条指令一般紧跟在 G28 指令后使用,指令中的 X、Y、Z 坐标值是执行完 G29 后,刀具应到达的坐标点。它的动作顺序是从参考点快速到达 G28 指令的中间点,再从中间点移动到 G29 指令的点定位,其动作与 G00 动作相同。

⑧第 2、3、4 参考点返回(G30)。

该指令的功能是由刀具所在位置经过中间点回到参考点。与 G28 类似,差别在于 G28 是回归第一参考点(机床原点),而 G30 是返回第 2、3、4 参考点。

　　指令格式:G30 P1 X__Y__Z__;

　　　　　　　G30 P2 X__Y__Z__;

　　　　　　　G30 P3 X__Y__Z__;

　　其中,P2、P3、P4 即选择第 2、第 3、第 4 参考点;X、Y、Z 后面的坐标值是指中间点位置。第 2、3、4 参考点的坐标位置在参数中设定,其值为机床原点到参考点的向量值。

　　⑨固定循环功能。

　　在前面介绍的常用加工指令中,每一个 G 指令一般都对应机床的一个动作,它需要用一个程序段来实现。为了进一步提高编程工作效率,FANUC-0i 系统设计有固定循环功能,它规定对一些典型孔加工中的固定、连续的动作,用一个 G 指令表达,即用固定循环指令来选择孔加工方式。

　　常用的固定循环指令能完成的工作有钻孔、攻螺纹和镗孔等。这些循环通常 6 个基本操作动作:在 XY 平面定位→快速移动到 R 平面→孔的切削加工→孔底动作→返回到 R 平面→返回到起始点。

　　如图 3.37 中实线表示切削进给,虚线表示快速运动。R 平面为在孔口时,快速运动与进给运动的转换位置。

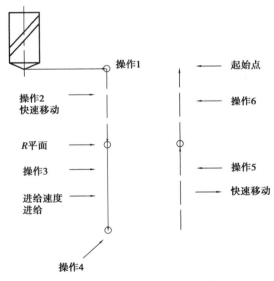

图 3.37　固定循环的基本动作

　　常用的固定循环有高速深孔钻循环、螺纹切削循环、精镗循环等。

　　编程格式:G90 /G91 G98/G99 G73 ~ G89 X ~ Y ~ Z ~ R ~ Q ~ P ~ F ~ K ~其中,G90/G91——绝对坐标编程或增量坐标编程;

　　G98——返回起始点;

　　G99——返回 R 平面;

　　G73 ~ G89——孔加工方式,如钻孔加工、高速深孔钻加工、镗孔加工等;

　　X、Y——孔的位置坐标;

　　Z——孔底坐标;

R——安全面(R平面)的坐标,增量方式时,为起始点到R平面的增量距离;在绝对方式时,为R面的绝对坐标;

Q——每次切削深度;

P——孔底的暂停时间;

F——切削进给速度;

K——规定重复加工次数。

固定循环由 G80 或 01 组 G 代码撤消。

A.高速深孔钻循环指令 G73。

G73 用于深孔钻削,在钻孔时采取间断进给,有利于断屑和排屑,适合深孔加工。如图 3.38 所示为高速深孔钻加工的工作过程。其中,Q 为增量值,指定每次切削深度;d 为排屑退刀量,由系统参数设定。

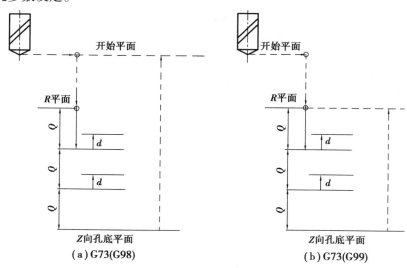

图 3.38　高速深孔钻循环

例 3.1:对如图 3.39 所示的 5-ϕ8 mm 深为 50 mm 的孔进行加工。显然,这属于深孔加工。利用 G73 进行深孔钻加工的程序如下:

O40

N10 G56 G90 G1 Z60 F2000 　　　　　　　//选择 2 号加工坐标系,到 Z 向起始点

N20 M03 S600 　　　　　　　　　　　　//主轴启动

N30 G98 G73 X0 Y0 Z-50 R30 Q5 F50 　　//选择高速深孔钻方式加工 1 号孔

N40 G73 X40 Y0 Z-50 R30 Q5 F50 　　　//选择高速深孔钻方式加工 2 号孔

N50 G73 X0 Y40 Z-50 R30 Q5 F50 　　　//选择高速深孔钻方式加工 3 号孔

N60 G73 X-40 Y0 Z-50 R30 Q5 F50 　　　//选择高速深孔钻方式加工 4 号孔

N70 G73 X0 Y-40 Z-50 R30 Q5 F50 　　　//选择高速深孔钻方式加工 5 号孔

N80 G01 Z60 F2000 　　　　　　　　　//返回 Z 向起始点

N90 M05 　　　　　　　　　　　　　　//主轴停

N100 M30 　　　　　　　　　　　　　//程序结束并返回起点

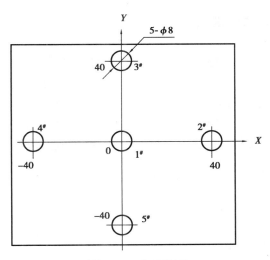

图 3.39　应用举例

加工坐标系设置:G56 X=−400,Y=−150,Z=−50。

上述程序中,选择高速深孔钻加工方式进行孔加工,并以 G98 确定每一孔加工完后,回到 R 平面。设定孔口表面的 Z 向坐标为 0,R 平面的坐标为 30,每次切深量 Q 为 5,系统设定退刀排屑量 d 为 2。

B. 螺纹加工循环指令(攻螺纹加工)。

a. G84(右旋螺纹加工循环指令)。

G84 指令用于切削右旋螺纹孔。向下切削时主轴正转,孔底动作是变正转为反转,再退出。F 表示导程,在 G84 切削螺纹期间速率修正无效,移动将不会中途停顿,直到循环结束。G84 右旋螺纹加工循环工作过程如图 3.40 所示。

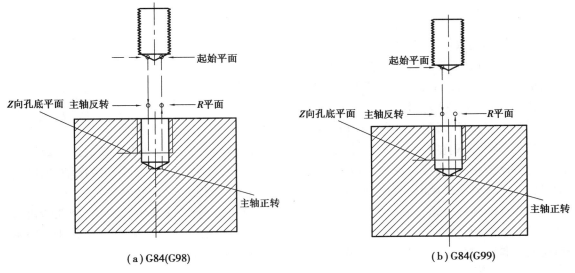

(a)G84(G98)　　　　　　　　　　　　　(b)G84(G99)

图 3.40　螺纹加工循环

b. G74(左旋螺纹加工循环指令)。

G74 指令用于切削左旋螺纹孔。主轴反转进刀,正转退刀,正好与 G84 指令中的主轴转向相反,其他运动均与 G84 指令相同。

c.精镗循环指令 G76。

G76 指令用于精镗孔加工。镗削至孔底时,主轴停止在定向位置,即准停,再使刀尖偏移离开加工表面,然后退刀。这样可以高精度、高效率地完成孔加工而不损伤工件已加工表面。

程序格式中,Q 表示刀尖的偏移量,一般为正数,移动方向由机床参数设定。

G76 精镗循环的加工过程如图 3.41 所示,包括以下几个步骤:在 X、Y 平面内快速定位→快速运动到 R 平面→向下按指定的进给速度精镗孔→孔底主轴准停→镗刀偏移→从孔内快速退刀。

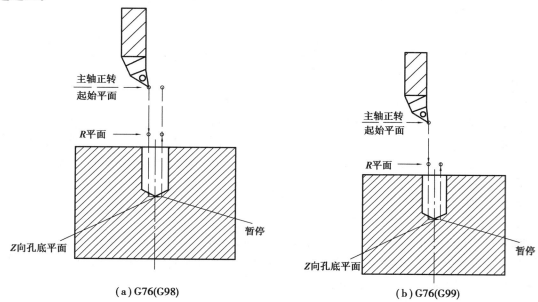

（a）G76(G98)   （b）G76(G99)

图 3.41 精镗循环的加工

⑩等导程螺纹切削（G33）。

小直径的内螺纹大多都用丝锥配合攻螺纹指令 G74,G84 固定循环指令加工。大直径的螺纹成本太高,常使用可调式的镗刀配合 G33 指令加工,可节省成本。

指令格式为:G33 Z__F__;

其中,Z 为螺纹切削的终点坐标值或切削螺纹的长度;F 为螺纹的导程。

另外,转角的速度控制:一般数控机床的各移动轴都是由伺服电动机驱动的。当数控系统执行移动指令时,为了保证坐标轴在开始和结束移动时运动平稳,机床不产生振动,伺服电动机在移动开始及结束时会自动加减速。各轴加减速的时间定数由参数设定。

因为加减速的关系,如果在某一程序段刀具仅沿 X 轴加速时,Y 轴开始减速,则在转角处会形成一小圆角。此时,为加工出尖角,应使用 G09 和 G61 指令,此指令使刀具定位于程序所指定的位置,并执行定为检查,这样就能加工出尖锐转角的工件。

（6）子程序

编程时,为了简化程序的编制,当一个工件上有相同的加工内容时,常调用子程序的方法进行编程。调用子程序的程序称为主程序。子程序的编号与一般程序基本相同,只是程序结束字为 M99 表示子程序结束,并返回到调用子程序的主程序中。

调用子程序的编程格式:M98 P ~ L ~ ;

其中,P 为所调用的子程序号;L 后共有 4 位数字,调用次数,省略时为调用一次。

例 3.2:如图 3.42 所示,在一块平板上加工 6 个边长为 10 mm 的等边三角形,每边的槽深为 -2 mm,工件上表面为 Z 向零点。其程序的编制就可以采用调用子程序的方式来实现(编程时不考虑刀具补偿)。

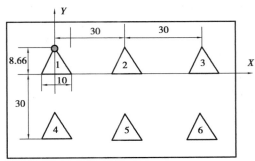

图 3.42　零件图样

主程序:

O10

N10 G54 G90 G01 Z40 F2000	//进入工件加工坐标系
N20 M03 S800	//主轴启动
N30 G00 Z3	//快进到工件表面上方
N40 G01 X 0 Y8.66	//到 1#三角形上顶点
N50 M98 P20	//调 20 号切削子程序切削三角形
N60 G90 G01 X30 Y8.66	//到 2#三角形上顶点
N70 M98 P20	//调 20 号切削子程序切削三角形
N80 G90 G01 X60 Y8.66	//到 3#三角形上顶点
N90 M98 P20	//调 20 号切削子程序切削三角形
N100 G90 G01 X 0 Y -21.34	//到 4#三角形上顶点
N110 M98 P20	//调 20 号切削子程序切削三角形
N120 G90 G01 X30 Y -21.34	//到 5#三角形上顶点
N130 M98 P20	//调 20 号切削子程序切削三角形
N140 G90 G01 X60 Y -21.34	//到 6#三角形上顶点
N150 M98 P20	//调 20 号切削子程序切削三角形
N160 G90 G01 Z40 F2000	//抬刀
N170 M05	//主轴停
N180 M30	//程序结束

子程序:

O20

N10 G91 G01 Z -2 F100	//在三角形上顶点切入(深)2 mm
N20 G01 X -5 Y-8.66	//切削三角形
N30 G01 X 10 Y 0	//切削三角形

107

N40 G01 X 5 Y 8.66　　　　　//切削三角形

N50 G01 Z 5 F2000　　　　　//抬刀

N60 M99　　　　　　　　//子程序结束

设置 G54:X = -400,Y = -100,Z = -50。

3.2.2 华中世纪星 HNC-21M 数控铣床基本编程指令

编程指令按不同功能划分为准备功能 G 指令、辅助功能 M

指令和 F、S、T 指令三大类。

（1）F、S、T 指令

①F 功能:F 是控制刀具位移速度的进给速率指令,为续效

指令,如图 3.43 所示。但快速定位 G00 的速度不受其控制。

在铣削加工中,F 的单位一般为 mm/min(每分钟进给量)。

②S 功能:用以指定主轴转速,单位是 r/min。S 是模态指

令。S 功能只有在主轴速度可调节时才有效。

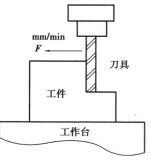

图 3.43　进给速率 F

③T 功能:T 是刀具功能字,后跟两位数字指示更换刀具的

编号。在加工中心上执行 T 指令,则刀库转动来选择所需的刀具,然后等待直到 M06 指令作

用时自动完成换刀。

T 指令同时可调入刀补寄存器中的刀补值(刀补长度和刀补半径)。虽然 T 指令为非模

态指令,但被调用的刀补值会一直有效,直到再次换刀调入新的刀补值。

如 T0101,前一个 01 指的是选用 01 号刀,第二个 01 指的是调入 01 号刀补值。当刀补号

为 00 时,实际上是取消刀补,如 T0100,则是用 01 号刀,且取消刀补。

（2）辅助功能 M 指令

辅助功能 M 指令,由地址字 M 后跟一至两位数字组成,M00 ~ M99。主要用来设定数控

机床电控装置单纯的开/关动作,以及控制加工程序的执行走向。各 M 指令功能见表 3.6。

表 3.6　M 代码功能表

M 指令	功能	M 指令	功能
M00	程序停止	M06	刀具交换
M01	程序选择性停止	M08	切削液开启
M02	程序结束	M09	切削液关闭
M03	主轴正转	M30	程序结束,返回开头
M04	主轴反转	M98	调用子程序
M05	主轴停止	M99	子程序结束

①暂停指令 M00。

当 CNC 执行到 M00 指令时,将暂停执行当前程序,以方便操作者进行刀具更换、工件的

尺寸测量、工件调头或手动变速等操作。暂停时机床的主轴进给及冷却液停止,而全部现存

的模态信息保持不变。若欲继续执行后续程序重按操作面板上的"启动键"即可。

②程序结束指令 M02。

M02 用在主程序的最后一个程序段中,表示程序结束。当 CNC 执行到 M02 指令时机床的主轴、进给及冷却液全部停止。使用 M02 的程序结束后,若要重新执行该程序就必须重新调用该程序。

③程序结束并返回到零件程序头指令 M30。

M30 和 M02 功能基本相同,只是 M30 指令还兼有控制返回到零件程序头(％)的作用。

使用 M30 的程序结束后,若要重新执行该程序,只需再次按操作面板上的"启动键"即可。

④子程序调用及返回指令 M98、M99。

M98 用来调用子程序;M99 表示子程序结束,执行 M99 使控制返回到主程序。

在子程序开头必须规定子程序号,以作为调用入口地址。在子程序的结尾用 M99,以控制执行完该子程序后返回主程序。

在这里可以带参数调用子程序,类似于固定循环程序方式。有关内容可参见"固定循环宏程序"。另外,G65 指令的功能与 M98 相同。

⑤主轴控制指令 M03、M04 和 M05。

M03 启动主轴,主轴以顺时针方向(从 Z 轴正向朝 Z 轴负向看)旋转;M04 启动主轴,主轴以逆时针方向旋转;M05 主轴停止旋转。

⑥换刀指令 M06。

M06 用于具有刀库的数控铣床或加工中心,用以换刀。通常与刀具功能字 T 指令一起使用。如 T0303 M06 是更换调用 03 号刀具,数控系统收到指令后,将原刀具换走,而将 03 号刀具自动地安装在主轴上。

⑦冷却液开停指令 M07、M09。

M07 指令将打开冷却液管道;M09 指令将关闭冷却液管道。其中 M09 为缺省功能。

(3)准备功能 G 指令

准备功能 G 代码是建立坐标平面、坐标系偏置、刀具与工件相对运动轨迹(插补功能)以及刀具补偿等多种加工操作方式的指令。范围为 G0(等效于 G00)～G99。G 代码指令的功能见表 3.7。

表 3.7　常用 G 代码及功能

G 代码	组别	功能
G00		快速定位
G01		直线插补
G02	01	顺(时针)圆弧插补
G03		逆(时针)圆弧插补
G04	00	暂停
G17		XY 平面设定
G18	02	XZ 平面设定
G19		YZ 平面设定

续表

G 代码	组别	功能
G20	06	英制单位输入
G21		公制单位输入
G28	00	经参考点返回机床原点
G29		由参考点返回
G40	07	刀具半径补偿取消
G41		刀具半径左补偿
G42		刀具半径右补偿
G43	08	正向长度补偿
G44		负向长度补偿
G49		长度补偿取消
G52	00	局部坐标系设定
G54	14	第一工作坐标系
G55		第二工作坐标系
G56		第三工作坐标系
G57		第四工作坐标系
G58		第五工作坐标系
G59		第六工作坐标系
G73	09	分级进给钻削循环
G74		反攻螺纹循环
G80		固定循环注销
G81 ~ G89		钻、攻螺纹,镗孔固定循环
G90	03	绝对值编程
G91		增量值编程
G92	00	工件坐标系设定
G98	10	固定循环退回起始点
G99		固定循环退回 R 点

注:①黑体字指令为系统上电时的默认设置。

②00 组代码是一次性代码,仅在所在的程序行内有效。

③其他组别的 G 指令为模态代码,此类指令一经设定一直有效,直到被同组 G 代码取代。

①单位设定指令 G20、G21、G22。G20 是英制输入制式;G21 是公制输入制式;G22 是脉冲当量输入制式。3 种制式下线性轴和旋转轴的尺寸单位见表 3.8。

表 3.8　尺寸输入制式及单位

指令	线性轴	旋转轴
G20（英制）	英寸	度
G21（公制）	毫米	度
G22（脉冲当量）	移动轴脉冲当量	旋转轴脉冲当量

②绝对值编程 G90 与相对值编程 G91。G90 是绝对值编程,即每个编程坐标轴上的编程值是相对程序原点的;G91 是相对值编程,即每个编程坐标轴上的编程值是相对前一位置而言的,该值等于沿轴移动的距离。G90 和 G91 可以用于同一个程序段中,但要注意其顺序所造成的差异。

如图 3.44（a）所示的图形,要求刀具由原点按顺序移动到 1、2、3 点,使用 G90 和 G91 编程如图 3.44（b）、（c）所示。

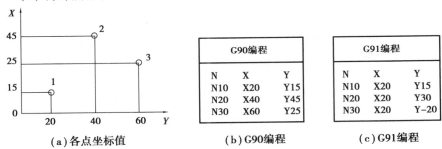

图 3.44　绝对值编程与相对值编程

选择合适的编程方式将使编程可以简化。通常当图纸尺寸由一个固定基准给定时,采用绝对方式编程较为方便,而当图纸尺寸是以轮廓顶点之间的间距给出时,采用相对方式编程较为方便。

③加工平面设定指令 G17、G18、G19。G17 选择 XY 平面;G18 选择 ZX 平面;G19 选择 YZ 平面,如图 3.45 所示。一般系统默认为 G17。该组指令用于选择进行圆弧插补和刀具半径补偿的平面。

注意:移动指令与平面选择无关,如指令“G17 G01 Z10”时,Z 轴照样会移动。

④坐标系设定指令。

a. 工件坐标系设定指令 G92。

指令格式:G92　X_ Y_ Z_。

G92 并不驱使机床刀具或工作台运动,数控系统通过 G92 命令确定刀具当前机床坐标位置相对加工原点(编程起点)的距离关系,以求建立起工件坐标系。格式中的尺寸字 X、Y、Z 指定起刀点相对工件原定的位置。要建立如图 3.46 所示工件的坐标系。使用 G92 设定坐标系的程序为 G92 X30 Y30 Z20。G92 指令一般放在一个零件程序的第一段。

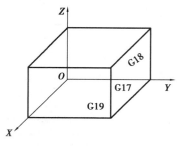

图 3.45　加工平面设定

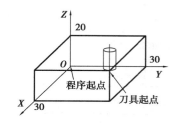

图 3.46　设定工件坐标系指令 G92

b. 工件坐标系选择指令 G54 ~ G59。

G54 ~ G59 是系统预定的 6 个工件坐标系,可根据需要任意选用。这 6 个预定工件坐标系的原点在机床坐标系中的值(工件零点偏置值)可用 MDI 方式输入,系统自动记忆。工件坐标系一旦选定,后续程序段中绝对值编程时的指令值均为相对此工件坐标系原点的值。采用 G54 ~ G59 选择工件坐标系方式如图 3.47 所示。

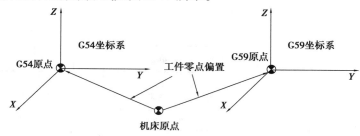

图 3.47　选择坐标系指令 G54 ~ G59

在如图 3.48(a)所示坐标系中,要求刀具从当前点移动到 A 点,再从 A 点移动到 B 点。使用工件坐标系 G54 和 G59 的程序如图 3.48(b)所示。

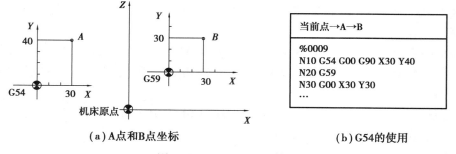

（a）A点和B点坐标　　　　　　　　（b）G54的使用

图 3.48　G54 ~ G59 的使用

在使用 G54 ~ G59 时应注意,用该组指令前,应先用 MDI 方式输入各坐标系的坐标原点在机床坐标系中的坐标值。

c. 局部坐标系设定指令 G52。

指令格式:G52 X_Y_Z_A_。

其中,X、Y、Z、A 是局部坐标系原点在当前工件坐标系中的坐标值。G52 指令能在所有的工件坐标系(G92、G54 ~ G59)内形成子坐标系,即局部坐标系。含有 G52 指令的程序段中,绝对值编程方式的指令值就是在该局部坐标系中的坐标值。设定局部坐标系后,工件坐标系和机床坐标系保持不变。G52 指令为非模态指令。在缩放及旋转功能下不能使用 G52 指令,但在 G52 下能进行缩放及坐标系旋转。

d. 直接机床坐标系编程指令 G53。

指令格式：G53 X_ Y_ Z_。

G53 是机床坐标系编程，该指令使刀具快速定位到机床坐标系中的指定位置上。在含有 G53 的程序段中，应采用绝对值编程，且 X、Y、Z 均为负值。

⑤进给控制指令。

a. 快速定位指令 G00。

指令格式：G00 X_ Y_ Z_ A_。

其中，X、Y、Z、A 是快速定位终点，在 G90 时为终点在工件坐标系中的坐标，在 G91 时为终点相对起点的位移量。

G00 指令刀具相对工件以各轴预先设定的速度，从当前位置快速移动到程序段指令的定位目标点。其快移速度由机床参数"快移进给速度"对各轴分别设定，而不能用 F 规定。G00 一般用于加工前的快速定位或加工后的快速退刀。注意：在执行 G00 指令时，由于各轴以各自速度移动，不能保证各轴同时到达终点，因此联动直线轴的合成轨迹不一定是直线。操作者必须格外小心，以免刀具与工件发生碰撞。常见的做法是将 Z 轴移动到安全高度，再执行 G00 指令。

b. 单方向定位 G60。

指令格式：G60 X_ Y_ Z_ A_。

其中，X、Y、Z、A 是单向定位终点。G60 单方向定位过程是各轴先以 G00 速度快速定位到一中间点，然后以一固定速度移动到定位终点。各轴的定位方向（从中间点到定位终点的方向）以及中间点与定位终点的距离，由机床参数单向定位偏移值设定。当该参数值小于 0 时，定位方向为负；当该参数值大于 0 时，定位方向为正。G60 指令仅在其被规定的程序段中有效。

⑥直线插补指令 G01。数控机床的刀具（或工作台）沿各坐标轴位移是以脉冲当量为单位的（mm/脉冲）。刀具加工直线或圆弧时，数控系统按程序给定的起点和终点坐标值，在其间进行"数据点的密化"——求出一系列中间点的坐标值，然后依顺序按这些坐标轴的数值向各坐标轴驱动机构输出脉冲。数控装置进行的这种"数据点的密化"称为插补功能。

G01 是直线插补指令。它指定刀具从当前位置，以两轴或三轴联动方式向给定目标按 F 指定进给速度运动，加工出任意斜率的平面（或空间）直线。

指令格式：G01 X_ Y_ Z_ F_。

其中，X、Y、Z 是线性进给的终点，F 是合成进给速度。

G01 指令是要求刀具以联动的方式，按 F 规定的合成进给速度，从当前位置按线性路线（联动直线轴的合成轨迹为直线）移动到程序段指令的终点。G01 是模态指令，可由 G00、G02、G03 或 G33 功能注销。

⑦圆弧插补指令 G02、G03。

G02、G03 按指定进给速度的圆弧切削，G02 顺时针圆弧插补，G03 逆时针圆弧插补。

所谓顺圆、逆圆指的是从第三轴正向朝零点或负方向看，如 X-Y 平面内，从 Z 轴正向向原点观察，顺时针转为顺圆，反之为逆圆，如图 3.49 所示。

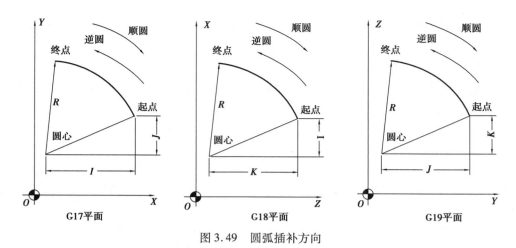

图 3.49　圆弧插补方向

指令格式：

$$
G17\begin{Bmatrix}G02\\G03\end{Bmatrix}X\_Y\_\begin{Bmatrix}R\\I\_J\_\end{Bmatrix}
$$

$$
G18\begin{Bmatrix}G02\\G03\end{Bmatrix}X\_Z\_\begin{Bmatrix}R\_\\I\_K\_\end{Bmatrix}
$$

$$
G19\begin{Bmatrix}G02\\G03\end{Bmatrix}Y\_Z\_\begin{Bmatrix}R\_\\J\_K\_\end{Bmatrix}
$$

其中，X、Y、Z 为 X 轴、Y 轴、Z 轴的终点坐标；I、J、K 为圆弧起点相对圆心点在 X、Y、Z 轴向的增量值；R 为圆弧半径；F 为进给速率。

终点坐标可以用绝对坐标 G90 时或增量坐标 G91 表示，但是 I、J、K 的值总是以增量方式表示。

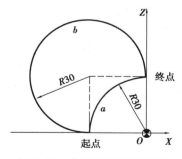

图 3.50　优弧与劣弧的编程

例 3.3：使用 G02 对如图 3.50 所示劣弧 a 和优弧 b 进行编程。

分析：在图中，a 弧与 b 弧的起点相同、终点相同、方向相同、半径相同，仅仅旋转角度 $a<180°$，$b>180°$。a 弧半径以 $R30$ 表示，b 弧半径以 $R-30$ 表示。程序编制见表 3.9。

表 3.9　劣弧 a 和优弧 b 的编程

类别	劣弧 a	优弧 b
增量编程	G91 G02 X30 Y30 R30 F300	G91 G02 X30 Y30 R-30 F300
	G91 G02 X30 Y30 R30 F300	G91 G02 X30 Y30 I0 J30 F300

续表

类别	劣弧 a	优弧 b
绝对编程	G90 G02 X0 Y30 R30 F300	G90 G02 X0 Y30 R-30 F300
	G90 G02 X0 Y30 I30 J0 F300	G90 G02 X0 Y30 I0 J30 F300

例 3.4：使用 G02/G03 对如图 3.51 所示的整圆进行编程。

解：整圆的程序编制见表 3.10。

表 3.10　整圆的程序

类别	从 A 点顺时针旋转一周	从 B 点逆时针旋转一周
增量编程	G91 G02 X0 Y0 I30 J0 F300	G91 G03 X0 Y0 I0 J30 F300
绝对编程	G90 G02 X30 Y0 I30 J0 F300	G90 G03 X0 Y-30 I0 J30 F300

注意：

a. 所谓顺时针或逆时针，是从垂直于圆弧所在平面的坐标轴的正方向看到的回转方向。

b. 整圆编程时不可以使用 R 方式，只能用 I、J、K 方式。

c. 同时编入 R 与 I、J、K 时，只有 R 有效。

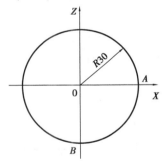

图 3.51　整圆编程

⑧螺旋线进给指令 G02/G03。

指令格式：

$$G17\begin{Bmatrix}G02\\G03\end{Bmatrix} X\_Y\_\begin{Bmatrix}I\_J\_\\R\end{Bmatrix} Z\_F\_$$

$$G18\begin{Bmatrix}G02\\G03\end{Bmatrix} X\_Z\_\begin{Bmatrix}I\_K\_\\R\_\end{Bmatrix} Y\_F\_$$

$$G19\begin{Bmatrix}G02\\G03\end{Bmatrix} Y\_Z\_\begin{Bmatrix}J\_K\_\\R\end{Bmatrix} X\_F\_$$

其中，X，Y，Z 是由 G17/G18/G19 平面选定的两个坐标为螺旋线投影圆弧的终点，意义同圆弧进给，第 3 坐标是与选定平面相垂直轴的终点。其余参数的意义同圆弧进给。该指令对另一个不在圆弧平面上的坐标轴施加运动指令，对任何小于 360 的圆弧，可附加任一数值的单轴指令。如图 3.52（a）所示螺旋线编程的程序如图 3.52（b）所示。

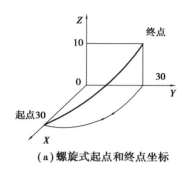

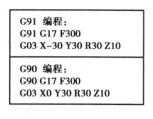

(a)螺旋式起点和终点坐标　　　　　　(b)螺旋线编程

图 3.52　螺旋线进给指令

⑨刀具补偿指令。

a.刀具半径补偿指令 G40、G41、G42。

指令格式：

$$G01 \begin{Bmatrix} G41 \\ G42 \end{Bmatrix} X\_Y\_D\_;$$

$$G01\ G40\ X\_Y\_;$$

其中,G41 为左偏半径补偿,指沿着刀具前进方向,向左侧偏移一个刀具半径,如图 3.53(a)所示。G42 为右偏半径补偿,指沿着刀具前进方向,向右侧补偿一个刀具半径,如图 3.53(b)所示。X,Y 为建立刀补直线段的终点坐标值。D 为数控系统存放刀具半径值的内存地址,后有两位数字,如 D01 代表了存储在刀补内存表第 1 号中的刀具的半径值。刀具的半径值需预先用手工输入。G40 为刀具半径补偿撤销指令。

注意:

①刀具半径补偿平面的切换必须在补偿取消方式下进行。

②刀具半径补偿的建立与取消只能用 G00 或 G01 指令,不得是 G02 或 G03。

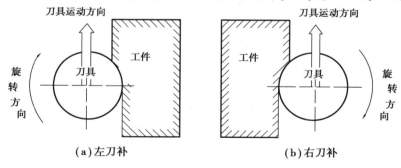

(a)左刀补　　　　　　　　　　　(b)右刀补

图 3.53　刀具半径补偿

例 3.5:考虑刀具半径补偿,编制如图 3.54 所示零件的加工程序。要求建立如图 3.54 所示的工件坐标系,按箭头所指示的路径进行加工。设加工开始时刀具距离工件上表面 50 mm,切削深度为 2 mm。

116

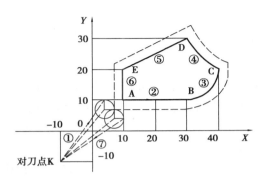

图 3.54　刀补指令的应用

解：一个完整的零件程序见表 3.11。

表 3.11　刀具半径补偿指令的应用

程序	说明
％8031	程序名
N10 G92 X-10 Y-10 Z50	确定对刀点
N20 G90 G17	在 XY 平面，绝对坐标编程
N30 G42 G00 X4 Y10 D01	右刀补，进刀到(4,10)的位置
N40 Z2 M03 S900	Z 轴进到离表面 2 mm 的位置，主轴正转
N50 G01 Z-2 F800	进给切削深度
N60 X30	插补直线 A→B
N70 G03 X40 Y20 I0 J10	插补圆弧 B→C
N80 G02 X30 Y30 I0 J10	插补圆弧 C→D
N90 G01 X10 Y20	插补直线 D→E
N100 Y5	插补直线 E→(10,5)
N110 G00 Z50 M05	返回 Z 方向的安全高度，主轴停转
N120 G40 X-10 Y-10	返回到对刀点
N130 M02	程序结束

注意：

①加工前应先用手动方式对刀，将刀具移动到相对编程原点(-10，-10，50)的对刀点处。

②图中带箭头的实线为编程轮廓，不带箭头的虚线为刀具中心的实际路线。

b. 刀具长度补偿指令 G43、G44、G49。

G43 使刀具在终点坐标处向正方向多移动一个偏差量 e；G44 则把刀具在终点坐标值减去一个偏差量 e(向负方向移动 e)；G49(或 D00)撤销刀具长度补偿。其格式与刀具半径补偿指令相类似。

⑩回参考点控制指令。

a. 自动返回参考点 G28。

指令格式:G28 X_ Y_ Z_ A_

其中,X、Y、Z、A 是回参考点时经过的中间点(非参考点),如图 3.55 所示。

G28 指令首先使所有的编程轴都快速定位到中间点,然后从中间点返回到参考点。一般 G28 指令用于刀具自动更换或者消除机械误差,在执行该指令之前,应取消刀具补偿。在 G28 的程序段中不仅产生了坐标轴移动指令,而且记忆了中间点坐标值,以供 G29 使用。

电源接通后,在没有手动返回参考点的状态下指定 G28 时,从中间点自动返回参考点与手动返回参考点相同。这时从中间点到参考点的方向,就是机床参数"回参考点方向"设定的方向。G28 指令仅在其被规定的程序段中有效。

b. 自动从参考点返回 G29。

指令格式:G29 X_ Y_ Z_ A_

其中,X、Y、Z、A 是返回的定位终点。

G29 可使所有编程轴以快速进给经过由 G28 指令定义的中间点,再到达指定点。通常该指令紧跟在 G28 指令之后。G29 指令仅在其被规定的程序段中有效。

⑪暂停指令 G04。

指令格式:G04 P_

其中,P 为暂停时间,单位为 s(秒)。

G04 在前一程序段的进给速度降到零之后才开始暂停动作。在执行含 G04 指令的程序段时,先执行暂停功能。G04 为非模态指令,仅在其被规定的程序段中有效。如图 3.56(a)所示零件的钻孔加工程序如图 3.56(b)所示。

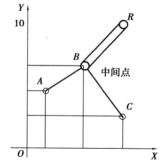

图 3.55　G28 指令的应用

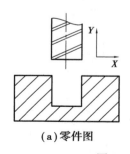

(a)零件图

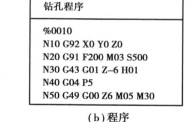

(b)程序

```
钻孔程序

%0010
N10 G92 X0 Y0 Z0
N20 G91 F200 M03 S500
N30 G43 G01 Z–6 H01
N40 G04 P5
N50 G49 G00 Z6 M05 M30
```

图 3.56　暂停指令的应用

在零件的钻孔加工程序中,G04 可使刀具作短暂停留,以获得圆整而光滑的表面。如对不通孔作深度控制时,在刀具进给到规定深度后,用暂停指令使刀具作非进给光整切削,然后退刀,确保孔底平整。

⑫简化编程指令。

a. 镜像功能 G24、G25。

指令格式:G24 X__ Y__ Z__ A__

　　　　　M98 P_

　　　　　G25 X__ Y__ Z__ A__

其中,G24 为建立镜像;G25 为取消镜像;*X*、*Y*、*Z*、*A* 为镜像位置。

当工件相对某一轴具有对称形状时,可以利用镜像功能和子程序,只对工件的一部分进行编程,而能加工出工件的对称部分,这就是镜像功能。当某一轴的镜像有效时,该轴执行与编程方向相反的运动。

例 3.6:使用镜像功能编制如图 3.57 所示轮廓的加工程序。设刀具起点距工件上表面 100 mm,切削深度 5 mm。

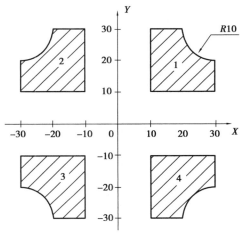

图 3.57　镜像功能应用实例

解:轮廓的加工程序见表 3.12。

表 3.12　镜像功能实例程序

程序	说明
%8041	主程序
N10 G17 G00 M03	
N20 G98 P100	加工①
N30 G24 X0	Y 轴镜像,镜像位置为 X＝0
N40 G98 P100	加工②
N50 G24 X0 Y0	X 轴、Y 轴镜像,镜像位置为(0,0)
N60 G98 P100	加工③
N70 G25 X0	取消 Y 轴镜像
N80 G24 Y0	X 轴镜像
N90 G98 P100	加工④
N100 G25 Y0	取消镜像
N110 M05	
N120 M30	
%200	子程序

续表

程序	说明
N200 G41 G00 X10.0 Y4.0 D01	
N210 Y1.0	
N220 Z-98.0	
N230 G01 Z-7.0 F100	
N240 Y25.0	
N250 X10.0	
N260 G03 X10.0 Y-10.0 I10.0	
N270 G01 Y-10.0	
N280 X-25.0	
N290 G00 Z105	
N300 G40 X-5.0 Y-10.0	
N310 M99	

b. 缩放功能 G50、G51。

指令格式:G51 X_Y_Z_P_

　　　　　M98 P_

　　　　　G50

其中,G51 为建立缩放;G50 为取消缩放;X、Y、Z 为缩放中心的坐标值;P 为缩放倍数。

G51 既可指定平面缩放也可指定空间缩放。在 G51 后运动指令的坐标值以 X、Y、Z 为缩放中心,按 P 规定的缩放比例进行计算。在有刀具补偿的情况下,先进行缩放,再进行刀具半径补偿和刀具长度补偿。

例3.7:用缩放功能编制如图 3.58 所示轮廓的加工程序,已知三角形 ABC 的顶点为 $A(10,30)$,$B(90,30)$,$C(50,110)$,三角形 $A'B'C'$ 是缩放后的图形,其缩放中心为 $D(50,50)$,

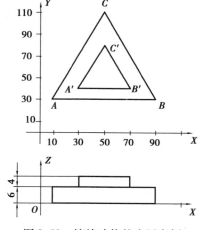

图 3.58　缩放功能的应用实例

缩放系数为 0.5 倍,设刀具起点距工件上表面为 50 mm。

解:该工件的加工程序见表3.13。

表3.13　缩放功能实例程序

程序	说明
％8051	主程序
N10 G92 X0 Y0 Z50	建立工件坐标系
N20 G91 G17 M03 S600	
N30 G43 G00 X50 Y50 Z-46 H01 F300	快速定位至工件中心,距表面4 mm,建立长度补偿
N40 #51 = 14	给局部变量#51 赋予 14 的值
N50 M98 P100	调用子程序,加工三角形 ABC
N60 #51 = 8	重新给局部变量#51 赋予 8 的值
N70 G51 X50 Y50 P0.5	缩放中心(50,50),缩放系数 0.5
N80 M98 P100	调用子程序,加工三角形 A′B′C′
N90 G50	取消缩放
N100 G49 Z46	取消长度补偿
N110 M05 M30	
％100	子程序(三角形 ABC 的加工程序)
N100 G42 G00 X-44 Y-20 D01	快速移动到 XY 平面的加工起点,建立半径补偿
N120 Z[-#51]	Z 轴快速向下移动局部变量#51 的值
N150 G01 X84	加工 A→B 或 A′→B′
N160 X-40 Y80	加工 B→C 或 B′→C′
N170 X.44 Y-88	加工 C→加工始点或 C′→加工始点
N180 Z[#51]	提刀
N200 G40 G00 X44 Y	返回工件中心,并取消半径补偿
N210 M99	返回主程序

c. 旋转变换 G68、G69。

指令格式:G17 G68 X__Y__P__

　　　　　　M98 P_

　　　　　　G69

其中,G68 为建立旋转;G69 为取消旋转;X、Y、Z 为旋转中心的坐标值;P 为旋转角度,$0° \leqslant P \leqslant 360°$。

在有刀具补偿的情况下,先旋转后刀补(刀具半径补偿、长度补偿),在有缩放功能的情况下,先缩放后旋转。

例 3.8：使用旋转功能编制如图 3.59 所示轮廓的加工程序,设刀具起点距工件上表面 50 mm,切削深度 5 mm。

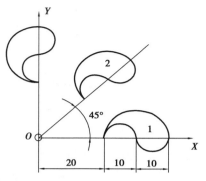

图 3.59　旋转变换功能示例

解：该工件的加工程序见表 3.14。

表 3.14　旋转功能应用实例程序

程序	说明
%8061	主程序
N10 G92 X0 Y0 Z50	
N15 G90 G17 M03 S600	
N20 G43 Z-5 H02	
N25 M98 P200	加工①
N30 G68 X0 Y0 P45	旋转 45°
N40 M98 P200	加工②
N60 G68 X0 Y0 P90	旋转 90°
N70 M98 P200	加工③
N20 G49 Z50	
N80 G69 M05 M30	取消旋转
%200	子程序（①的加工程序）
N100 G41 G01 X20 Y-5 D02 F300	
N105 Y0	
N110 G02 X40 I10	
N120 X30 I-5	
N130 G03 X20 I.5	
N140 G00 Y-6	
N145 G40 X0 Y0	
N150 M99	

（4）固定循环指令

数控加工中，某些加工动作循环已经典型化。例如，钻孔、镗孔的动作是孔位平面定位、快速引进、工作进给、快速退回等一系列典型的加工动作，这样就可以预先编好程序，存储在内存中，并可用一个 G 代码程序段调用，称为固定循环，以简化编程工作。孔加工固定循环指令有 G73、G74、G76、G80 ~ G89。

孔加工通常由 6 个动作构成，如图 3.60 所示：X、Y 轴定位→定位到 R 点（定位方式取决于上次是 G00 还是 G01）→孔加工→在孔底的动作→退回到 R 点（参考点）→快速返回到初始点。

固定循环的数据表达形式可以采用绝对坐标（G90）和相对坐标（G91）表示，如图 3.61 所示，其中图 3.61（a）是采用 G90 的表示；图 3.61（b）是采用 G91 的表示。

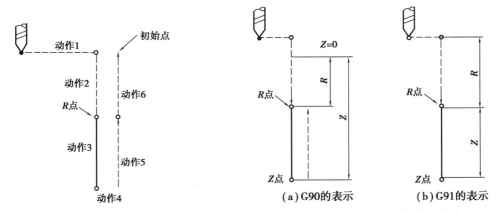

图 3.60　孔加工的 6 个典型动作　　　　　图 3.61　固定循环的数据表达形式

固定循环的程序格式包括数据形式、返回点平面、孔加工方式、孔位置数据、孔加工数据和循环次数。数据形式（G90 或 G91）在程序开始时就已指定，在固定循环程序格式中可不注出。

固定循环的程序格式：

$$\begin{Bmatrix} G98 \\ G99 \end{Bmatrix} G\_X\_Z\_R\_Q\_P\_I\_J\_K\_F\_L\_$$

其中，G98 为返回初始平面；G99 为返回 R 点平面；G 为固定循环代码 G73、G74、G76 和 G81 ~ G89 之一；X、Y 为加工起点到孔位的距离（G91）或孔位坐标（G90）；R 为初始点到 R 点的距离（G91）或 R 点的坐标（G90）；Z、R 为到孔底的距离（G91）或孔底坐标（G90）；Q 为每次进给深度（G73/G83）；I、J 为刀具在轴反向位移增量（G76/G87）；P 为刀具在孔底的暂停时间；F 为切削进给速度；L 为固定循环的次数。

①高速深孔加工循环指令 G73。

格式：$\begin{Bmatrix} G98 \\ G99 \end{Bmatrix} G73 \ X\_ \ Y\_ \ Z\_ \ R\_ \ Q\_ \ P\_ \ K\_ \ F\_ \ L\_$

其中，Q 为每次进给深度；K 为每次退刀距离。

G73 用于 Z 轴的间歇进给，使深孔加工时容易排屑，减少退刀量，可以进行高效率的加工。G73 指令动作循环如图 3.62 所示。注意：当 Z、K、Q 的移动量为零时，该指令不执行。

例3.9：使用 G73 指令编制如图 3.63 所示深孔加工程序,设刀具起点距工件上表面 42 mm,距孔底 80 mm,在距工件上表面 2 mm 处(R 点)由快进转换为工进,每次进给深度 10 mm,每次退刀距离 5 mm。

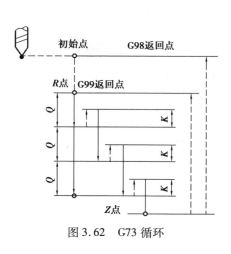

图 3.62　G73 循环

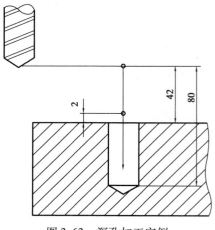

图 3.63　深孔加工实例

解：深孔的加工程序见表 3.15。

表 3.15　深孔的加工程序

程序	说明
%8071	程序名
N10 G92 X0 Y0 Z80	设置刀具起点
N20 G00 G90 M03 S600	主轴正转
N30 G98 G73 X100 R40 P2 Q-10 K5 Z0 F200	深孔加工,返回初始平面
N40 G00 X0 Y0 Z80	返回起点
N60 M05	
N70 M30	程序结束

②反攻丝循环指令 G74。

格式：$\begin{Bmatrix} G98 \\ G99 \end{Bmatrix}$ G74 X_ Y_ Z_ R_ P_ F_ L_

利用 G74 攻反螺纹时,主轴反转,到孔底时主轴正转,然后退回。G74 指令动作循环如图 3.64 所示。

注意：

a. 攻丝时速度倍率、进给保持均不起作用。

b. R 应选在距工件表面 7 mm 以上的地方。

c. 如果 Z 的移动量为零,则该指令不执行。

例3.10：使用 G74 指令编制如图 3.65 所示的反螺纹攻丝加工程序,设刀具起点距工件上表面 48 mm,距孔底 60 mm,在距工件上表面 8 mm 处(R 点)由快进转换为工进。

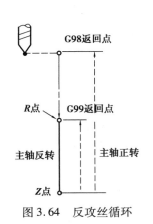

图 3.64　反攻丝循环

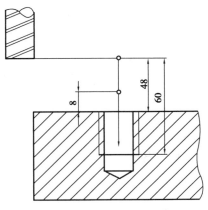

图 3.65　反攻丝循环实例

解:螺纹的加工程序见表 3.16。

表 3.16　螺纹的加工程序

程序	说明
％8081	程序名
N10 G92 X0 Y0 Z60	设置刀具的起点
N20 G91 G00 M04 S500	主轴反转,转速 500 r/min
N30 G98 G74 X100 R-40 P4 F200	攻丝,孔底停留 4 个单位时间,返回初始平面
N35 G90 Z0	
N40 G0 X0 Y0 Z60	返回到起点
N50 M05	
N60 M30	程序结束

③钻孔循环(中心钻)指令 G81。

格式:$\begin{Bmatrix} G98 \\ G99 \end{Bmatrix}$ G81 X_ Y_ Z_ R_ F_ L_

G81 钻孔动作循环,包括 X、Y 坐标定位,快进,工进和快速返回等动作。

注意:如果 Z 方向的移动量为零,则该指令不执行。

G81 指令动作循环如图 3.66 所示。

④带停顿的钻孔循环指令 G82。

格式:$\begin{Bmatrix} G98 \\ G99 \end{Bmatrix}$ G82 X_ Y_ Z_ R_ P_ F_ L_

G82 指令除了要在孔底暂停,其他动作与 G81 相同。暂停时间由地址 P 给出。G82 指令主要用于加工盲孔,以提高孔深精度。

注意:如果 Z 方向的移动量为零,则该指令不执行。

⑤攻丝循环指令 G84。

格式:$\begin{Bmatrix} G98 \\ G99 \end{Bmatrix}$ G84 X_ Y_ Z_ R_ P_ F_ L_

利用 G84 攻螺纹时,从 R 点到 Z 点主轴正转,在孔底暂停后,主轴反转,然后退回。G84 指令动作循环如图 3.67 所示。

注意:

a. 攻丝时速度倍率、进给保持均不起作用。

b. R 应选在距工件表面 7 mm 以上的地方。

c. 如果 Z 方向的移动量为零则该指令不执行。

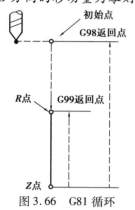

图 3.66　G81 循环

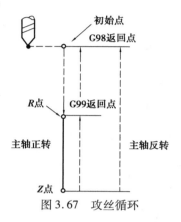

图 3.67　攻丝循环

⑥取消固定循环指令 G80。

该指令能取消固定循环,同时 R 点和 Z 点也被取消。

使用固定循环时应注意以下几点:

a. 在固定循环指令前应使用 M03 或 M04 指令使主轴回转。b. 在固定循环程序段中,X、Y、Z、R 数据应至少指令一个才能进行孔加工。c. 在使用控制主轴回转的固定循环(G74 G84 G86)中,如果连续加工一些孔间距比较小,或者初始平面到 R 点平面的距离比较短的孔时,会出现在进入孔的切削动作前,主轴还没有达到正常转速的情况。遇到这种情况时,应在各孔的加工动作之间插入 G04 指令,以获得时间。d. 当用 G00 ~ G03 指令注销固定循环时,若 G00 ~ G03 指令和固定循环出现在同一程序段,则按后出现的指令运行。e. 在固定循环程序段中,如果指定了 M,则在最初定位时送出 M 信号,等待 M 信号完成后,才能进行孔加工循环。

例 3.11:编制如图 3.68 所示的螺纹加工程序,设刀具起点距工作表面 100 mm 处,螺纹切削深度为 10 mm。

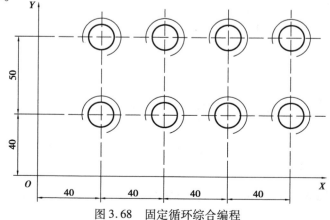

图 3.68　固定循环综合编程

解：在工件上加工孔螺纹，应先在工件上钻孔，钻孔的深度应大于螺纹深（定为 12 mm），钻孔的直径应略小于内径（定为 $\phi 8$ mm）。螺纹的加工程序见表 3.17。

表 3.17　螺纹的加工程序

程序	说明
％8091	先用 G81 钻孔的主程序
N10 G92 X0 Y0 Z100	
N20 G91 G00 M03 S600	
N30 G99 G81 X40 Y40 G90 R-98 Z-112 F200	
N50 G91 X40 L3	
N60 Y50	
N70 X-40 L3	
N80 G90 G80 X0 Y0 Z100 M05	
N90 M30	
％8092	用 G84 攻丝的程序
N210 G92 X0 Y0 Z0	
N220 G91 G00 M03 S300	
N230 G99 G84 X40 Y40 G90 R-93 Z-110 F100	
N240 G91 X40 L3	
N250 Y50	
N260 X-40 L3	
N270 G90 G80 X0 Y0 Z100 M05	
N280 M30	

（5）用户宏功能

在编程工作中，经常把能完成某一功能的一系列指令像子程序那样存入存储器，用一个总指令来代表它们，使用时只需给出这个总指令就能执行其功能。存入的一系列指令称为用户宏功能主体，这个总指令称为用户宏功能指令。

在编程时，不必记住用户宏功能主体所含的具体指令，只要记住用户宏功能指令即可。用户宏功能的最大特点是在用户宏功能主体中能够使用变量；变量之间能够进行运算；用户宏功能指令可以把实际值设定为变量，使用用户宏功能更具通用性。可见，用户宏功能是提高数控机床性能的一种特殊功能。宏功能主体既可由机床生产厂提供，也可由机床用户厂自己编制（见编程实例）。使用时，先将用户宏主体像子程序一样存放到内存里，然后用子程序调用指令 M98。

华中数控系统中的用户宏程序功能可以使用变量进行算术运算、逻辑运算和函数的混合运算，此外还可以使用循环语句、分支语句和子程序调用语句等功能，以利于编制各种复杂的零件加工程序，减少乃至免除手工编程时进行烦琐的数值计算，精简程序量。

①宏变量。

在常规的主程序和子程序内,总是将一个具体的数值赋给一个地址。为了使程序更具通用性、更加灵活,在宏程序设置了变量。

A. 变量的表示。变量可以用"#"号和紧跟其后的变量序号来表示:# i(i = 1 , 2 , 3 , …)

例如,#5 、#109 、#501。

B. 变量的引用。将跟随在一个地址后的数值用一个变量来代替,即引入了变量。

例如,F[# 103],若 # 103 = 50 时,则为 F50;

　　　Z[-# 110],若 # 110 = 100 时,则为 Z-100;

　　　G[# 130],若 # 130 = 3 时,则为 G03。

C. 变量的类型。华中数控系统的变量分为公共变量和系统变量两类。

a. 公共变量。公共变量分为全局变量和局部变量。全局变量是在主程序和主程序调用的各用户宏程序内都有效的变量,也就是说,在一个宏指令中的# i 与在另一个宏指令中的# i 是相同的。局部变量仅在主程序和当前用户宏程序内有效,也就是说,在一个宏指令中的# i 与在另一个宏指令中的# i 是不一定相同的。

公共变量的序号为#0 ~ #49。

当前局部变量有:

# 50 ~ # 199	全局变量
# 200 ~ # 249	0 层局部变量
# 250 ~ # 299	1 层局部变量
# 300 ~ # 349	2 层局部变量
# 350 ~ # 399	3 层局部变量
# 400 ~ # 449	4 层局部变量
# 450 ~ # 499	5 层局部变量
# 500 ~ # 549	6 层局部变量
# 550 ~ # 599	7 层局部变量

华中数控系统可以子程序嵌套调用,调用的深度最多可以有 9 层。每一层子程序都有自己独立的局部变量,变量个数为 50。如当前局部变量为"#0 ~ #49";第一层局部变量为"#200 ~ #249";第二层局部变量为"#250 ~ #299";第三层局部变量"#300 ~ #349";以此类推。

b. 系统变量。系统变量的定义为有固定用途的变量。它的值决定系统的状态。系统变量包括刀具偏置变量、接口的输入/输出信号变量、位置信号变量等。

例如,# 600 ~ # 699	刀具长度寄存器 H0 ~ H99
# 700 ~ # 799	刀具半径寄存器 D0 ~ D99
# 800 ~ # 899	刀具寿命寄存器
# 1000 ~ # 1008	机床当前位置
# 1010 ~ # 1018	程编当前位置
# 1020 ~ # 1028	程编工件位置

　　　……

②常量。

类似于高级编程语言中的常量,在用户宏程序中也有常量。在华中数控系统中的常量主要有以下 3 个：

　　a. PI：圆周率。

　　b. TRUE：条件成立（真）。

　　c. FALSE：条件不成立（假）。

③运算符。

在宏程序中的各运算符、函数将实现丰富的宏功能。在华中数控系统中的运算符有：

a. 算术运算符：+,−, ∗ ,／。

b. 条件运算符：EQ(=),NE(≠),GT(>),GE(≥),LT(=),LE(≤)。

c. 逻辑运算符：AND,OR,NOT。

d. 函数：SIN,COS,TAN,ATAN,ATAN2,ABS,INT,SIGN,SQRT,EXP。

④语句表达式。

在华中数控系统中的语句表达式有以下 3 种：

a. 赋值语句：即把常数或表达式的值送给一个宏变量。其格式为宏变量 = 常数或表达式。

例如，#2 = 175／SQRT[2] ∗ COS[55 ∗ PI／180]

#3 = 124.0

b. 条件判别语句：IF—ELSE—ENDIF。

c. 循环语句：WHILE—ENDW。

⑤调用方式。

宏程序的调用方式类似于调用子程序，即同样采用 M98 调用，采用 M99 结束。但在宏程序时，应给出所需要的参数值。例如，有一个逼近整圆的数控加工程序，在程序中把加工整圆作为宏程序进行调用，在调用时要给出所要求的圆心点和圆半径，见表 3.18 程序实例。

表 3.18　圆的宏程序调用

程序	说明
%1000	主程序
G92 X0 Y0 Z0	
M98 P2 X-50 Y0 R50	调用加工整圆的宏程序，并给出圆心和圆半径
M30	
%0002	加工整圆的宏程序
……	
M99	宏程序结束，返回主程序

　　在调用宏（子程序或固定循环）时，为保存当前主程序的编程信息，系统会将当前程序段各字段（A ~ Z 共 26 字段，如果没有定义则为零）的内容拷贝到宏程序执行时的局部变量#0 ~ #25，同时拷贝调用宏时当前通道 9 个轴的绝对位置（机床绝对坐标）到宏程序执行时的局部变量#30 ~ #38。

　　调用一般子程序时不保存系统模态值，即子程序可修改系统模态参数，并保持有效。而调用固定循环时，保存系统模态参数值，即固定循环子程序不修改系统模态参数。

　　⑥用户宏程序编制举例。

例3.12:切圆台与斜方台,各自加工3个循环,要求倾斜10°的斜方台与圆台相切,圆台在方台之上,如图3.69所示。

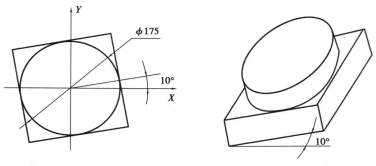

图3.69 用户宏程序编制

解: 用户宏程序编制见表3.19。

表3.19 用户宏程序编制

程序	说明
%8101	
#10 = 10	圆台阶高度
#11 = 10.0	方台阶高度
#12 = 124.0	圆外定点的X坐标值
#13 = 124.0	圆外定点的Y坐标值
#701 = 13.0	刀具半径(偏大,粗加工)
#702 = 10.2	刀具半径(偏中,半精加工)
#703 = 10.0	刀具半径(实际,精加工)
N01 G92 X0.0 Y0.0 Z0.0	
N02 G28 Z10 T02 M06	自动回参考点换刀
N03 G29 Z0 S10 M03	单段走完此段,手动移刀到圆台面中心上
N04 G92 X0.0 Y0.0 Z0.0	
N05 G00 Z10.0	
#0 = 0	
N06 G00[X−#12] Y[−#13]	快速定位到圆外(−#12、−#13)
N07 G01 Z[−#10] F300	Z向进刀−#10 mm
WHILE #0LT3	加工圆台
N[08+#0 * 6] G01 G42 X[−#12/2] Y[−175/2] F280.0 D[#0+1]	
N[09+#0 * 6] X[0] Y[−175/2]	

续表

程序	说明
N[10+#0 * 6] G03 J[175/2]	
N[11+#0 * 6] G01 X[#12/2] Y[−175/2]	
N[12+#0 * 6] G40 X[#12] Y[−#13]	
N[13+#0 * 6] G00 X[−#12]	
Y[−#13]	
#0＝#0+1	
ENDW	
N100 G01 Z[−#10−#11] F300	
#2＝175/COS[55 * PI/180]	
#3＝175/SIN[55 * PI/180]	
#4＝175 * COS[10 * PI/180]	
#5＝175 * SIN[10 * PI/180]	
#0＝0	
WHILE#0LT3	加工斜方台
N[101+#0 * 6] G01 G90 G42 X[−#2] Y[−#3] F280.0 D[#0+1]	
N[102+#0 * 6] G91 X[+#4] Y[+#5]	
N[103+#0 * 6] X[−#5] Y[+#4]	
N[104+#0 * 6] X[−#4] Y[−#5]	
N[105+#0 * 6] X[+#5] Y[−#4]	
N[106+#0 * 6] G00 G90 G40 X[−#12] Y[−#13]	
#0＝0+1	
ENDW	
N200 G28 Z10 T00 M05	
N201 G00 X0 Y0 M06	
M02 M30	

3.2.3　SIEMENS 802S 数控铣床基本编程指令

SIEMENS 802S 数控铣削系统常用 G 指令功能见表 3.20。

131

表 3.20　SIEMENS 802S 数控铣削系统常用 G 指令功能

分类	代码	意义	格式	备注
插补	G0	快速线性移动	G0 X … Y … Z …	
	G1 *	直线插补	G1 X … Y … Z …	
	G2	顺/逆圆插补（终点+圆心）	G2/G3 X … Y … Z … I … J … K …	XYZ 确定终点，IJK 确定圆心 CR 为半径（大于 0 为优弧，小于 0 为劣弧） AR 确定圆心角（0° 到 360°）
		顺/逆圆插补（终点+半径）	G2/G3 X … Y … Z … CR = …	
		顺/逆圆插补（圆心+圆心角）	G2/G3 AR = … I … J … K …	
		顺/逆圆插补（终点+圆心角）	G2/G3 AR = … X … Y … Z …	
	G5	圆弧插补（三点圆弧）	G5X … Y … Z … I1 = … J1 = … K1 = …	XYZ 确定终点，I1、J1、K1 确定中间点
暂停	G4	使加工中断给定的时间	G4 F …	F … :暂停时间（s）
平面	G17 *	指定 XY 平面	G17	
	G18	指定 ZX 平面	G18	
	G19	指定 YZ 平面	G19	
增量设置	G90 *	绝对尺寸	G90	
	G91	增量尺寸	G91	
单位	G70	英制单位输入	G70	
	G71 *	公制单位输入	G71	
工件坐标系	G54	第一工件坐标系	G54	
	G55	第二工件坐标系	G55	
	G56	第三工件坐标系	G56	
	G57	第四工件坐标系	G57	
	G74	回参考点（原点）	G74 X … Y … Z …	
刀具补偿	G40 *	取消刀具半径补偿	G40	补偿地址用 D;刀具半径补偿只有在线性插补时才能选择
	G41	左侧刀具半径补偿	G41	
	G42	右侧刀具半径补偿	G42	
	G450 *	刀补时拐角走圆角	G450	拐角圆弧半径等于刀具半径
	G451	刀补时到交点时再拐角	G451	

1）铣床平面选择:G17 到 G19

①功能：在计算刀具长度补偿和刀具半径补偿时必须首先确定一个平面,即确定一个两

坐标轴的坐标平面,在此平面中可以进行刀具半径补偿。另外,根据不同的刀具类型(铣刀、钻头、车刀、……)进行相应的刀具长度补偿。对钻头和铣刀,长度补偿的坐标轴为所选平面的垂直坐标轴。平面选择的作用在相应的部分进行描述。同样,平面选择的不同也会影响圆弧插补时圆弧方向的定义:顺时针和逆时针。在圆弧插补的平面中规定横坐标和纵坐标,由此就确定了顺时针和逆时针旋转方向。也可以在非当前平面中运行圆弧插补"坐标轴运动"。可以有几种平面,如图3.70及表3.21平面及坐标轴。

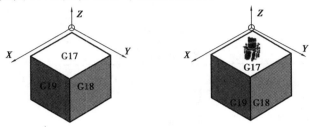

图 3.70　坐标平面

表 3.21　平面及坐标轴

G 功能	平面(横坐标/纵坐标)	垂直坐标轴(在钻/铣削时的长度补偿)
G17	X/Y	Z
G18	Z/X	Y
G19	Y/Z	X

②编程举例:

N10 G17 T…D…M…;选择 X/Y 平面;

N20…X…Y…Z;Z 轴方向上刀具长度补偿。

2)铣床循环

(1)钻削、沉孔加工——LCYC82

①功能:刀具以编程的主轴速度和进给速度钻孔,直至到达给定的最终钻削深度。在到达最终钻削深度时可以编程一个停留时间。退刀时以快速移动速度进行。

②前提条件:必须在调用程序中规定主轴速度值和方向以及钻削轴进给率。

在调用循环之前必须在调用程序中回钻孔位置,如图3.71所示。

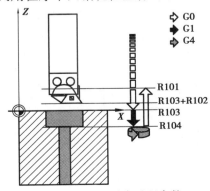

图 3.71　循环时序过程参数

在调用循环之前必须选择带补偿值的相应的刀具,见表3.22。

表3.22　LCYC82指令中各参数的含义

参数	含义、数值范围
R101	退回平面(绝对平面)
R102	安全距离
R103	参考平面(绝对平面)
R104	最后钻深(绝对值)
R105	在此钻削深度停留时间

③参数:

R101:退回平面确定了循环结束之后钻削轴的位置。

R102:安全距离只对参考平面而言,由于有安全距离,参考平面被提前了一个距离。循环可以自动确定安全距离的方向。

R103:参数 R103 所确定的参考平面就是图纸中所标明的钻削起始点。

R104:此参数确定钻削深度,它取决于工件零点。

R105:参数8105之下编程此深度处(断屑)的停留时间(s)。

时序过程:循环开始之前的位置是调用程序中最后所回的钻削位置。

循环的时序过程:用 G0 回到被提前了一个安全距离量的参考平面处;按照调用程序中编程的进给率以 C 进行钻削,直至最终钻削深度;执行此深度停留时间;以 G0 退刀,回到退回平面。

④举例:钻削沉头孔,如图3.72所示,使用 LCYC82 循环,程序在 XY 平面 X24115 位置加工深度为 2.7 mm 的孔,在孔底停留时间 2 s,钻孔坐标轴方向安全距离为 4 mm。循环结束后刀具处于 X24Y15Z110。

```
N10 G0 G17 G90 F500 T2 Dl   5500 M4        //规定此参数值
N20 X24 Yl5                                //回到钻孔位
N30 R101=110 R102=4 R103=102 R104=75       //设定参数
N35 R105=2                                 //设定参数
V40 LCYC82                                 //调用循环
N50 MZ                                     //程序结束
```

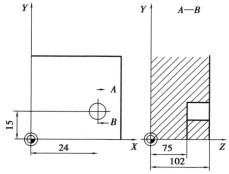

图3.72　钻削深度孔

（2）深孔钻削——LCYC83（图 3.73）

①功能：深孔钻削循环加工中心孔，通过分步钻入达到最后的钻深，钻深的最大值事先规定好。

钻削既可以在每步到钻深后，提出钻头到其参考平面达到排屑目的，也可以每次上提 1 mm 以便断屑。

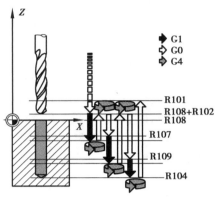

图 3.73　深孔钻削

②调用 LCYC83。

前提条件：必须在调用程序中规定主轴速度和方向。在调用循环之前钻头必须已经处于钻削开始位置。在调用循环之前必须选取钻头的刀具补偿值，见表 3.23。

表 3.23　LCYC83 指令中参数的含义

参数	含义、数值范围
R101	退回平面（绝对平面）
R102	安全距离，无符号
R103	参考平面（绝对平面）
R104	最后钻深（绝对值）
R105	在此钻削深度停留时间（断屑）
R107	钻削进给率
R108	首钻进给率（绝对）
R109	在起始点和排屑时停留时间
R110	首钻深度（绝对）
R111	递减量，无符号
R127	加工方式：短屑=0；短屑=1

③说明。

R101：退回平面确定了循环结束之后钻削加工轴的位置。循环以位于参考平面之前的退回平面为出发点，从退回平面到钻深的距离较大。

R102：安全距离只对参考平面而言，由于有安全距离，参考平面被提前了一个安全距离量。循环可以自动确定安全距离的方向。

R103：参数 R103 所确定的参考平面就是图纸中所标明的钻削起始点。

R104：最后钻深以绝对值编程，与循环调用之前的状态 G90 或 G91 无关。

R105：参数 R105 之下编程此深度处的停留时间(s)。

R107、R108：通过这两个参数编程了第一次钻深及其后钻削的进给率。

R109：参数 R109 之下可以编程几秒钟的起始点停留时间。只有在"排屑"方式下才执行在起始点处的停留时间。

R110：参数 R110 确定第一次钻削行程的深度。

R111：递减量参数 R111 下确定递减量的大小，从而保证以后的钻削量小于当前的钻削量。用于第二次钻削的量如果大于所编程的递减量，则第二次钻削量应等于第一次钻削量减去递减量。否则，第二次钻削量就等于递减量。当最后的剩余量大于两倍的递减量时，则在此之前的最后钻削量应等于递减量，所剩下的最后剩余量平分为最终两次钻削行程。如果第一次钻削量的值与总的钻削深度量相矛盾，则显示报警号 61107"第一次钻深错误定义"从而不执行循环。

R127 值为 0：钻头在到达每次钻削深度后上提 1 mm 空转，用于断屑；R127 值为 01：每次钻深后钻头返回到安全距离之前的参考平面，以便排屑。

时序过程：循环开始之前的位置是调用程序中最后所回的钻削位置。

循环的时序过程：

a. 用 G0 回到被提了一个安全距离量的参考平面处。

b. 用 G1 执行第一次钻深，钻深进给率是调用循环之前所编程的进给率。执行钻深停留时间(参数 R10)。

在断屑时：用 G1 按调用程序中所编程的进给率从当前钻深上提 1mm，以便断屑。

在排屑时：用 G0 返回到安全距离量之前的参考平面，以便排屑，执行起始点停留时间(参数 R109)，然后用 G0 返回上次钻深，但留出一个前置量(此量的大小由循环内部计算所得)。

c. 用 C1 按所编程的进给率执行下一次钻深切削，该过程一直进行下去，直至到达最终钻削深度。

d. 用 G0 返回到退回平面。

④举例：深孔钻削，如图 3.74 所示，程序在位置 X70 处执行循环 LCYC83。

```
N100 G0 G18 G90 T4 5500 M3        //确定工艺参数
N110 Z155
N120 X70                          //回第一次钻削位置
R101 = 155 R102 = 1 R103 = 150
R104 = 5 R105 = 0 R109 = 0 R110 = 100    //设定参数
R111 = 20 R107 = 500 R127 = 1 R108 = 400
N140 LCYC83                       //第一次调用循环
N199 M2
```

(3)钻削孔排列

利用循环 LCYC60 和 LCYC61 可以按照一定的几何关系加工出钻孔以及螺纹，在此要使用前面已经介绍了的钻孔循环及螺纹切削循环，如图 3.75 所示。

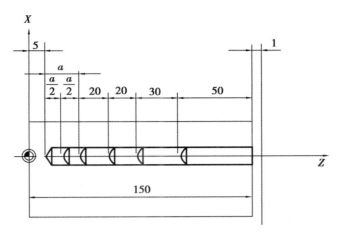

图 3.74 深孔钻削举例

①LCYC60 矩形阵列孔钻削。

功能：用此循环加工线性排列的钻孔或螺纹孔，钻孔及螺纹孔的类型由一个参数确定。

R115 = … R116 = … R117 = … R118 = … R119 = … R120 = … R121 = … LCYC60

其中，R115 为钻孔循环号；R116 为横坐标参考点；R117 为纵坐标参考点；R118 为第一孔到参考点的距离；R119 为孔数；R120 为平面中孔排列直线的角度；R121 为空间距离，如图 3.76 所示。

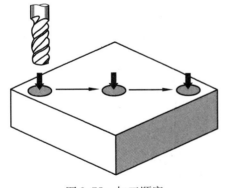

图 3.75 加工顺序

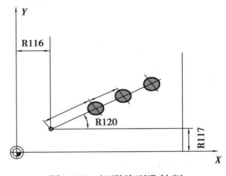

图 3.76 矩形阵列孔钻削

前提条件：在调用程序中必须按照设定了参数的钻孔循环和切内螺纹循环的要求编程主轴转速和方向，以及钻孔轴的进给率。

同样，在调用钻孔图循环之前必须对所选择的钻削循环和切内螺纹循环设定参数。

另外，在调用循环之前必须选择相应的带刀具补偿的刀具，见表 3.24。

表 3.24 LCYC60 指令中参数的含义

参数	含义、数值范围
R115	钻孔或攻丝循环号数值：840（LCYC840）、82（LCYC82）、83（LCYC83）、84（LCYC84）、85（LCYC85）
R116	横坐标参考点
R117	纵坐标参考点

续表

参数	含义、数值范围
R118	第一个孔到参考点距离
R119	孔数
R120	平面中孔排列直线的角度
R121	孔间距离

时序过程:出发点是位置任意,但需保证从该位置出发可以无碰撞地回到第一个钻孔位。循环执行时首先回到第一个钻孔位,并按照 R115 参数所确定的循环加工孔,然后快速回到其他的钻削位,按照所设定的参数进行接下去的加工过程。

举例:线性排列孔,用此程序加工 *ZX* 平面上在 *X* 轴方向排列的螺纹孔。在此,出发点定为 230×20,第一个孔与此参考点的距离为 20 mm,与其他钻孔相互间的距离也是 20 mm。首先执行循环 LCYC83 加工孔,然后运行循环 LCYC84 进行螺纹切削(不带补偿夹具),螺距为正号(主轴向右旋转),钻孔深度为 80 mm,如图 3.77 所示。

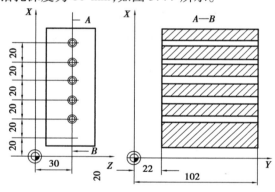

图 3.77　线性排列孔加工

```
N10 G0 G18 G90 5500 M3 T1 D1              //确定工艺参数
N20 X50 Z50 Y110                         //回到出发点
N30 R101 = 105 R102 = 2 R103 = 102 R104 = 22   //定义钻孔循环参数
N40 R106 = 1 R107 = 82 R108 = 20 R109 = 100    //定义钻孔循环参数
N50 R110—1 R111—100                      //定义钻孔循环参数
N60 R115 = 83 R116 = 30 R117 = 20
    R119 = 0 R118 = 20 R121 = 20          //定义线性孔循环参数
N70 LCYC60                               //调用线性孔循环
N80……                                   //更换刀具
N90 R106 = 0.5 R107 = 100 R108 = 500     //定义切内螺纹循环参数
(只需要编程相对钻孔循环改了的参数)
N100 8115 = 84                           //定义线性孔循环参数(R116 ~ R121 等
                                           同于第一次调用)
N110LCYC60                               //调用线性孔循环
```

N120 M2

②圆弧孔排列钻削——LCYC61。

功能:用此循环可以加工圆弧状排列的孔和螺纹。钻孔和切内螺纹的方式由一参数确定,如图 3.78 所示。

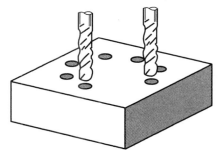

图 3.78 圆弧孔排列

前提条件:在调用该循环之前要对所选择的钻孔循环和切内螺纹循环设定参数。

在调用循环之前,必须要选择相应的带刀具补偿的刀具,见表 3.25。

表 3.25 LCYC61 指令中参数的含义

参数	含义、数值范围
R115	钻孔或攻丝循环号数值:840(LCYC840)、82(LCYC82)、83(LCYC83)、84(LCYC84)、85(LCYC85)
R116	圆弧圆心横坐标(绝对值)
R117	圆弧圆心纵坐标(绝对值)
R118	圆弧半径
R119	孔数
R120	起始角,数值范围:−180<R120<180
R121	角增量

说明:

R115:参见 LCYC60。

R116/R117/R118:加工平面中圆弧孔位置通过圆心坐标(参数 R116/R117 和半径 R118)定义。在此,半径值只能为正。

R119:参见 LCYC61。

R120/R121:此参数确定圆弧上钻孔的排列位置。其中,参数 R120 给出横坐标正方向与第一个钻孔之间的夹角,R121 规定孔与孔之间的夹角。如果 R121 等于零,则在循环内部将此孔均匀地分布在圆弧上,从而根据钻孔数计算出孔与孔之间的夹角,如图 3.79 所示。

时序过程:出发点是位置任意,但需保证从该位置出发可以无碰撞地回到第一个钻孔位。

循环执行时首先回到第一个钻孔位,并按 R115 参数所确定的循环加工孔,然后快速回到其他的钻削位,按照所设定的参数进行接下去的加工过程。

举例:使用循环 LCYC82 加工 4 个深度为 30 mm 的孔。圆通过 XI′平面上圆心坐标 X70,

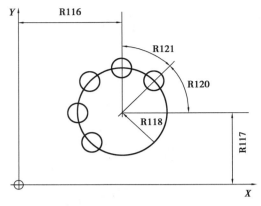

图 3.79 圆弧孔排列加工参数

Y60 和半径 42 mm 确定。起始角为 33°。Z 轴上安全距离为 2 mm。主轴转速和方向以及进给率在调用循环中确定,如图 3.80 所示。

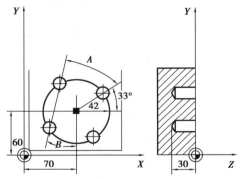

图 3.80 圆弧孔排列加工列子

N10 G0 G17 G90 F500 S400 M3 T3 D1	//确定工艺参数
N20 X50 Y45 Z5	//回到出发点
N30 R101 = 5 R102 = 2 8103 = 0 8104 = −30 R105 = 1	//定义钻削循环参数
N40 R115 = 82 R116 = 70 R117 = 60 R118 = 42 R119 = 4	//定义圆弧孔排列循环
N50 R120 = 33 R121 = 0	//定义圆弧孔排列循环
N60 LCYC61	//调用圆弧孔循环
N70 M2	//程序结束

③铣削循环:矩形槽、键槽和圆形槽的铣削——LCYC75。

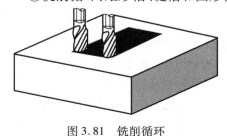

图 3.81 铣削循环

功能:利用此循环,通过设定相应的参数可以铣削一个与轴平行的矩形槽或者键槽,或者一个圆形凹槽。循环加工分为粗加工和精加工。通过参数设定凹槽长度=凹槽宽度=两倍的圆角半径,可以铣削一个直径为凹槽长度或凹槽宽度的圆形凹槽。如果凹槽宽度等同于两倍的圆角半径,则铣削一个键槽。加工时总是在第 3 轴方向从中心处开始进刀。这样在有导向孔的情况下就可以使用不能切中心孔的铣刀,如图 3.81 所示。

前提条件:如果没有钻底孔,则该循环要求使用带端面齿的铣刀,从而可以切削中心孔。在调用程序中规定主轴的转速和方向。在调用循环之前必须要选择相应的带刀具补偿的刀具,见表 3.26。

表 3.26　LCYC75 指令中参数的含义

参数	含义、数值范围
R101	退回平面(绝对平面)
R102	安全距离
R103	参考平面(绝对平面)
R104	凹槽深度(绝对数值)
R106	凹槽圆心横坐标
R107	凹槽圆心纵坐标
R108	凹槽长度
R109	凹槽宽度
R120	拐角半径
R121	最大进刀深度
R122	深度进刀进给率
R123	表面加工的进给率
R124	表面加工的精加工余量
R125	深度加工的精加工余量
R126	铣削分向:(G2 或 G3)
	数值范围:2(G2),3(G3)
R127	铣削类型:1—粗加工;2—精加工

其中:

R101/R102/R103:参见 LCYC82。

R104:在此参数下编程参考面和凹槽槽底之间的距离(深度)。

R116/R117:用参数 R116 和 R117 确定凹槽中心点的横坐标和纵坐标。

R118/R119:用参数 R118 和 R119 确定平面上凹槽的形状。如果铣刀半径 R120 大于编程的角度半径,则所加工的凹槽圆角半径等于铣刀半径。如果刀具半径超过凹槽长度或宽度的一半,则循环中断,并发出报警“铣刀半径太大”。如果铣削一个圆行槽(R118 = R119 = 2R120),则拐角半径(R120)的值就是圆形槽的直径。

R121:用此参数确定最大的进刀深度。循环运行时以同样的尺寸进刀。利用参数 R121 和 R104 循环计算出一个进刀量,其大小介于 0.5×最大进刀深度和最大进刀深度之间。如果 R121 =0 则立即以凹槽深度进刀。进刀从提前了一个安全距离的参考平面处开始。

R122:进刀时的进给率,垂直于加工平面。

R123:用此参数确定平面上粗加工和精加工的进给率。

R124:在参数 R124 下编程粗加工时留出的轮廓精加工余量。在精加工时(R127＝2),根据参数 R124 和 R125 选择"仅加工轮廓"或"同时加工轮廓和深度"。

仅加工轮廓:R124>0,R125＝0。

轮廓和深度:R124>0, R125>0;

　　　　　　　R124＝0, R125＝0;

　　　　　　　R124＝0,R125>0。

R125:R125 参数给定的精加工余量在深度进给粗加工时起用。精加工时(R127＝2),根据参数 R124 和 R125 选择"仅加工轮廓"或"同时加工轮廓和深度"。

仅加工轮廓:8124>0, R125＝0。

轮廓和深度:8124>0, R125>0;

　　　　　　　8124＝0, 8125＝0;

　　　　　　　8124＝0, 8125>0。

R126:用此参数规定加工方向。

R127:此参数确定加工方式。

1—粗加工:按照给定的参数加工凹槽至精加工余量。

2—精加工:进行精加工的前提条件是凹槽的粗加工过程已经结束,接下去对精加工余量进行加工。在此要求留出的精加工余量小于刀具直径,如图 3.82 所示。

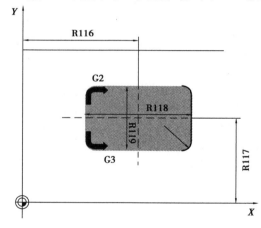

图 3.82　铣削循环参数

时序过程:出发点是任意位置,但需保证从该位置出发可以无碰撞地回到退回平面的凹槽中心点。

A. 粗加工 R127＝1。

用 G0 回到退回平面的凹槽中心点,再同样以 G0 回到提前了安全间隙的参考平面处。凹槽的加工分为以下几个步骤:

a. 以 R122 确定的进给率和调用循环之前的主轴转速进刀到下一次加工的凹槽中心点处。

b. 按照 R123 确定的进给率和调用循环之前的主轴转速在轮廓和深度方向进行铣削,直至最后精加工余量。如果铣刀直径大于凹槽/键槽宽度减去精加工余量,或者铣刀半径等于凹槽/键槽宽度,若是有可能降低精加工余量,通过摆动运动加工一个溜槽。

c. 加工方向由 R126 参数给定的值确定。

d. 在凹槽加工结束之后,刀具回到退回平面凹槽中心,循环过程结束。

B. 精加工 R127＝2。

a. 如果要求分多次进刀,则只有最后一次进刀到达最后深度凹槽中心点(R122)。为了缩短返回的空行程,在此之前的所有进刀均快速返回,并根据凹槽和键槽的大小无须回到凹槽中心点才开始加工。通过参数和 R124、R125 选择"仅进行轮廓加工"或者"同时加工轮廓和工件"。

仅加工轮廓:R124>0, R125＝0。

轮廓和深度:R124>0, R125>0;

　　　　　　R124＝0, R125＝0;

　　　　　　R124＝0, R125>0。

平面加工以 R123 参数设定的值进行,深度进给则以 R122 设定的参数值运行。

b. 加工方向由参数 R126 设定的参数值确定。

c. 凹槽加工结束以后刀具运行到退回平面的凹槽中心点处,结束循环。

例 3.13:凹槽铣削

用下面的程序,可以加工一个长度为 60 mm,宽度为 40 mm,圆角半径为 8 mm,深度为 17.5 mm 的凹槽。使用的铣刀不能切削中心,要求预加工凹槽中心(LCYC82)。凹槽边的精加工余量为 0.75 mm,深度为 0.5 mm,Z 轴上到参考平面的安全距离为 0.5 mm。凹槽的中心点坐标为($X60,Y40$),最大进刀深度为 4 mm。加工分为粗加工和精加工,如图 3.83 所示。

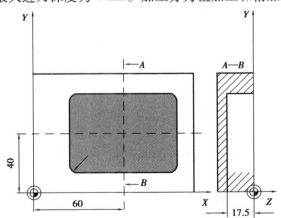

图 3.83　凹槽铣削例子

N10 G0 G17 G90 F200 5300 M3 T4 D1	//确定工艺参数
N20 XEiO Y40 75	//回到钻削位置
N30 R101＝5 R102＝2 R103＝0 R104＝－17.5 R105＝2	//设定钻削循环参数
N40 LCYC82	//调用钻削循环
N50……	//更换刀具
N60 R116＝60 R117＝40 R118＝60 R119＝40 8120＝8	//凹槽铣削循环粗 加工设定参数

N70 R121＝4 R122＝120 R123＝300 R124＝0.75 R125＝0.5   //与钻削循环相比较

R101～R104 参数不改变

N80 R126＝2 R127＝1

N90 LCYC75   //调用粗加工循环

N100……   //更换刀具

N110 R127＝2   //凹槽铣削循环精加工设定参数(其他参数不变)

N120 LCYC75   //调用精加工循环

N130 M2   //程序结束

例 3.14：圆形槽铣削

使用此程序可以在 *YZ* 平面上加工一个圆形凹槽，中心点坐标为 *Z*50，*Y*50，凹槽深 20 mm，深度方向进给轴为 *X* 轴。没有给出精加工余量，也就是说使用粗加工加工此凹槽。使用的铣刀带端面齿，可以切削中心，如图 3.84 所示。

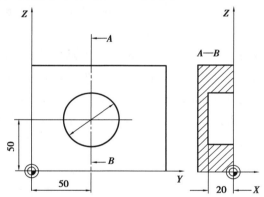

图 3.84   圆形槽铣削例子

N10 G0 G19 G90 5200 M3 T1 D1   //规定工艺参数

N20 Z60 X40 Y5   //回到起始位

N30 R101＝4 R102＝2 R103＝0 R104＝-20 R11Ei＝50 R117＝50   //凹槽铣削循环设定参数

N40 R11S＝50 R119＝50 R120＝25 R121＝4 R122＝100   //凹槽铣削循环设定参数

N50 R123＝200 R124＝0 R125＝0 R12Ei＝0 R127＝1   //凹槽铣削循环设定参数

N60 LCYC75   ///调用循环

N70 M2   //程序结束

3.3 数控铣床/加工中心实训典型案例

3.3.1 外轮廓类零件的加工

如图 3.85 所示的外轮廓类加工零件,材料硬铝,毛坯为 60 mm×60 mm×15 mm,六面已粗加工过,要求用数控铣床加工其凸台,表面粗糙度 Ra 为 3.2 μm。试确定其加工工艺并编制出数控加工程序。

1)工艺分析

(1)分析零件图样、尺寸公差、表面粗糙度及零件材料

根据图样和技术要求分析,该零件毛坯表面 60 mm×60 mm× 15 mm,六面已粗加工过,要加工其上的凸台,高度为 6 mm,表面粗糙度 Ra 应达到 3.2 μm,零件材料为铝,尺寸标注完整,轮廓描述完整。

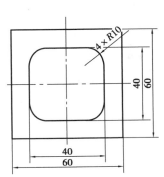

图 3.85 外轮廓零件图

(2)确定装夹方案

以已加工过的底面为定位基准,将其安放在垫块上,用精密平口虎钳夹紧工件前后两侧面,精密平口虎钳固定于铣床工作台上。

(3)确定刀具

确定刀具的原则是在保证加工质量的条件下,尽量选择少的刀具,以减少装刀、对刀、换刀时间,提高加工效率。依此原则选用 φ10 mm 的平底立铣刀进行粗、精加工,定义为 T01,粗、精工刀补号分别为 D01、D02,精加工余量 0.3~0.5 mm。

(4)拟订加工路径

①为了得到比较光滑的零件轮廓,同时使编程简单,考虑粗加工和精加工均采用顺铣方法规划走刀路线,在加工时要严格控制其走刀路线,要求要能去除毛坯余量,但不能产生过切。其中,安全面高度为 10 mm。

②每次切深为 2 mm,分 3 次加工完。

(5)确定切削参数

切削用量的具体数值应根据该机床性能、被加工表面质量,查阅相关的手册并结合实际经验确定。根据以上原则确定本零件加工的三要素:S 为 800 r/min,F 为 100 mm/min,背吃刀量为 2 mm。

(6)工件坐标系设定

根据图样特点,确定工件坐标系原点为毛坯上表面的对称中心,加工前用试切对刀方法对刀,设定 G54 工件坐标系。

2)编写数控加工程序

HNC-21M 数控系统的加工程序见表 3.27。

表 3.27　HNC-21M 数控系统的加工程序

序号	程序	注释
	%0001	程序号
N10	G00X-30Y0Z10	定位下刀点上方安全高度
N20	G54M03S800F100T01	
N30	G01Z0	
N40	M98 P0002 L3	调用子程序 3 次,每次切深 2 mm
N50	G41X-20D02	建立左刀补 D02＝5 mm,精加工外轮廓
N60	Y10	
N70	G02X-10Y20R10	
N80	G01X10	
N90	G02X20Y10R10	
N100	G01Y-10	
N110	G02X10Y-20R10	
N120	G01X-10	
N130	G02X-20Y-10R10	
N140	G01Y0	
N150	G00Z50	
N160	G40X-30	
N170	M02	
	%0002	子程序名
N10	G91G01Z-2	下刀,粗加工
N20	G90Y30	
N30	X30	
N40	Y-30	
N50	X-30	
N60	Y0	
N70	G41X-20D01	建立左刀补 D01＝5.3 mm
N80	Y10	
N90	G02X-10Y20R10	
N100	G01X10	

续表

序号	程序	注释
N110	G02X20Y10R10	
N120	G01Y-10	
N130	G02X10Y-20R10	
N140	G01X-10	
N150	G02X-20Y-10R10	
N160	G01Y0	
N170	G40X-30	
N180	G99	子程序结束

3)加工操作

①开机,回参考点。

②安装工件和刀具。

③对刀。

④输入加工程序,并模拟、调试。

⑤自动加工。

注意:加工前准备工作,确保机床开启后回过参考点;检查机床的快速修调和进给修调倍率,一般快速修调在 20% 以下,进给修调在 50% 以下,以防止速度过快导致撞刀;加工时如果不确定对刀是否正确可采用单段加工的方式进行,在确定每把刀具在所建立的坐标系中第一个点正确后可自动加工。

4)检测

加工完后要对零件的尺寸精度和表面质量作相应的检测,分析原因避免下次加工再出现类似情况。

5)关机

6)实训小结

本实训案例通过外轮廓零件的加工,让学生学会外轮廓类零件加工的图样和工艺分析,切削用量的选择、加工步骤的合理安排等工艺处理能力;能运用 G00、G01、G02/G03 以及刀具半径补偿指令编程;运用子程序调用指令 M98 和 M99 编程,熟悉数控铣床的基本操作。

7)课外练习

本加工实例为某盖板零件,如图 3.86 所示。预加工盖板外轮廓,材料为铝板,毛坯为 100 mm×70 mm×12 mm,六面已粗加工过,$\phi 40$ 孔和 $\phi 8$ 孔已加工过。试确定其加工工艺并编制出数控加工程序。

3.3.2　内轮廓类零件的加工

如图 3.87 所示的内轮廓类零件,材料硬铝,毛坯为 150 mm×150 mm×40 mm,六面已粗加工过,要求用数控铣床加工其型腔。试确定其加工工艺并编制出数控加工程序。

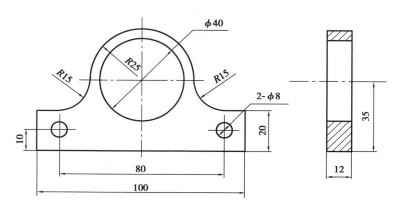

图 3.86　盖板零件图

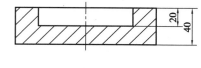

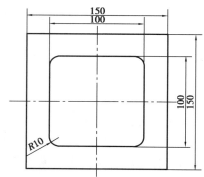

图 3.87　内轮廓零件型腔图

1)工艺分析

(1)分析零件图样、尺寸公差、表面粗糙度及零件材料

根据图样和技术要求分析,该零件毛坯表面 60 mm×60 mm×40 mm,六面已粗加工过,要加工的是型腔,深度为 20 mm,零件材料为铝,尺寸标注完整,轮廓描述完整。

(2)确定装夹方案

以已加工过的底面为定位基准,将其安放在垫块上,用虎钳夹紧工件前后两侧面,虎钳固定于铣床工作台上。

(3)确定刀具

确定刀具的原则是在保证加工质量的条件下,尽量选择少的刀具以减少装刀、对刀、换刀时间,提高加工效率。依此原则选用 ϕ18 mm 的立铣刀进行粗加工,定义为 T01,刀补号 D01,精加工余量 1 mm;选用 ϕ16 mm 的立铣刀进行精加工,定义为 T02,刀补号 D02。

(4)拟订加工路径

①为了得到比较光滑的型腔表面,同时使编程简单,先行切进行粗加工,后环切进行内腔表面精加工,要求既要去除毛坯余量,又不能产生过切。其中,安全面高度为 10 mm。

②深度 20 mm,较大,每次切深为 5 mm,分 4 次加工完。

(5)确定切削参数

切削用量的具体数值应根据该机床性能、被加工表面质量,查阅相关的手册并结合实际经验确定。根据以上原则确定本零件加工的三要素:粗加工 S 为 400 r/min,F 为 100 mm/min,背吃刀量为 5 mm;精加工 S 为 800 r/min,F 为 50 mm/min,背吃刀量为 20 mm。

(6)工件坐标系设定

根据图样特点,确定工件坐标系原点为毛坯上表面的对称中心,加工前用试切对刀方法对刀,设定 G54 工件坐标系。

2)编写数控加工程序

HNC-21M 数控系统的加工程序见表 3.28、表 3.29。

表 3.28 HNC-21M 数控系统的粗加工程序

序号	程序	注释
	%0001	程序号
N10	G00X-40Y-40Z50	
N20	M06T01	
N30	G54M03S400F100	
N40	Z10	安全高度
N50	G01Z-5	下刀深度 5 mm
N60	M98P0002	调用子程序
N70	G90G01 X-40Y-40	
N80	G01Z-10	下刀深度 10 mm
N90	M98P0002	调用子程序
N100	G90G01 X-40Y-40	
N110	G01Z-15	下刀深度 15 mm
N120	M98P0002	调用子程序
N130	G90G01 X-40Y-40	
N140	G01Z-20	下刀深度 20 mm
N150	M98P0002	调用子程序
N160	G90G00Z50	
N170	M02	主程序结束
	%0002	子程序名
N10	G01X40	行切内腔开始
N20	Y-24	步距 16 mm
N30	X-40	
N40	Y-8	
N50	X40	
N60	Y8	
N70	X-40	
N80	Y24	
N90	X40	
N100	Y40	
N110	X-40	
N120	G91G00Z5	抬刀
N130	M99	子程序结束

表 3.29 HNC-21M 数控系统的精加工程序

序号	程序	注释
	%0003	程序号
N10	M06T02	
N20	G54M03S800F50	
N30	G00X0Y50Z50D02	
N40	Z10	
N50	G01Z-20	
N60	X-40	
N70	G03X-50Y40R10	
N80	G01Y-40	
N90	G03X-40Y-50R10	
N100	G01X40	
N110	G03X50Y-40R10	
N120	G01Y40	
N130	G03X40Y50R10	
N140	G01X0	
N150	G40G00Y0	
N160	Z100	
N170	M02	

3)加工操作

①开机,回参考点。

②安装工件和刀具。

③对刀。

④输入加工程序,并模拟、调试。

⑤自动加工。

注意:加工前准备工作,确保机床开启后回过参考点;检查机床的快速修调和进给修调倍率,一般快速修调在 20% 以下,进给修调在 50% 以下,以防止速度过快导致撞刀;加工时如果不确定对刀是否正确可采用单段加工的方式进行,在确定每把刀具在所建立的坐标系中第一个点正确后可自动加工。

4)检测

加工完后要对零件的尺寸精度和表面质量作相应的检测,分析原因避免下次加工再出现类似情况。

5)关机

6) 实训小结

本实训案例通过内轮廓类零件的型腔加工,让学生学会内轮廓类零件加工的图样和工艺分析,切削用量的选择、加工步骤的合理安排等工艺处理能力;进一步熟练运用子程序调用指令 M98 和 M99 编程,进一步熟悉数控铣床的操作。

7) 课外练习

本加工为如图 3.88 所示的内轮廓岛屿结构零件,材料硬铝,毛坯为 60 mm×60 mm×10 mm,六面已粗加工过,要求用数控铣床加工其型腔。试确定其加工工艺并编制出数控加工程序。

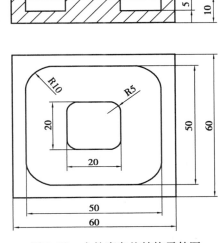

图 3.88　内轮廓岛屿结构零件图

3.3.3　内外轮廓类零件的加工

如图 3.89 所示的内、外轮廓盖板零件,材料硬铝,毛坯为 100 mm×100 mm×25 mm,六面已粗加工过,要求加工内外轮廓。试确定其加工工艺并编制出数控加工程序。

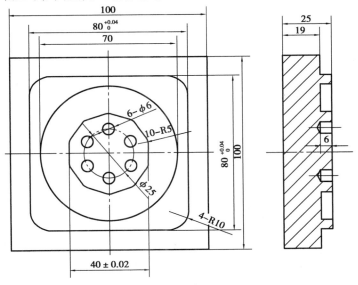

图 3.89　内外轮廓零件 1

1)工艺分析

（1）分析零件图样、尺寸公差、表面粗糙度及零件材料

根据图样和技术要求分析，该零件毛坯表面 100 mm×100 mm×25 mm，六面已粗加工过，要加工的是内外轮廓，深度为 6 mm，外轮廓加工保证尺寸精度为 $80^{+0.04}_{0}$ mm，内轮廓加工保证尺寸精度为（40±0.02）mm，零件材料为铝，尺寸标注完整，轮廓描述完整。

（2）确定装夹方案

以已加工过的底面为定位基准，将其安放在垫块上，用精密平口虎钳夹紧工件前后两侧面，精密平口虎钳固定于铣床工作台上。

（3）确定刀具

确定刀具的原则是在保证加工质量的条件下，尽量选择少的刀具以减少装刀、对刀、换刀时间，提高加工效率。依此原则选用 ϕ10 mm 的立铣刀进行内外轮廓的粗、精加工，定义为 T01，粗加工刀补号 D01，精加工外轮廓和内轮廓的刀补号分别为 D02 和 D03，粗加工为精加工留余量 0.1～0.3 mm。

（4）拟订加工路径

为了得到比较光滑的内外表面，同时使编程简单，采用先粗后精的加工原则。加工外轮廓：先按照正方形路线环切一次，再采用刀补沿正方形凸台环切一次，注意圆角处余量的去除；加工内轮廓：先按照内腔圆形路线环切一次，再采用刀补沿十边形内凸台环切一次，注意其圆角处，防止过切。其中，安全面高度为 10 mm。

（5）确定切削参数

切削用量的具体数值应根据该机床性能、被加工表面质量，查阅相关的手册并结合实际经验确定。根据以上原则确定本零件加工的三要素：粗加工 S 为 400 r/min，F 为 100 mm/min，背吃刀量为 5 mm；精加工 S 为 600 r/min，F 为 50 mm/min。

（6）工件坐标系设定

根据图样特点，确定工件坐标系原点为毛坯上表面的对称中心，加工前用试切对刀方法对刀，设定 G54 工件坐标系。

（7）数值计算

十边形在 XY 平面内的基点坐标值采用 CAD 软件画图找点法，如图 3.90 所示，计算见表 3.30，其中最低基点的坐标为（0，-20.77）。

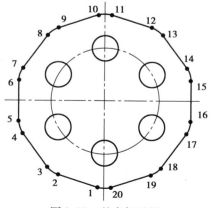

图 3.90　基点标示图

表 3.30　基点坐标值

基点	X 坐标	Y 坐标	基点	X 坐标	Y 坐标
1	−1.55	−20.53	11	1.55	20.53
2	−10.82	−17.52	12	10.82	17.52
3	−13.32	−15.70	13	13.32	15.7
4	−19.05	−7.81	14	19.05	7.81
5	−20	−4.87	15	20	4.87
6	−20	4.87	16	20	−4.87
7	−19.05	7.81	17	19.05	−7.81
8	−13.32	15.7	18	13.32	−15.70
9	−10.82	17.52	19	10.82	−17.52
10	−1.55	20.53	20	1.55	−20.53

2）编写数控加工程序

HNC-21M 数控系统的加工程序见表 3.31。

表 3.31　HNC-21M 数控系统的加工程序

序号	程序	注释
	%0001	程序号
N10	G54M03S400F100T01	
N20	G00Z10	
N30	G40 X0Y−50	
N40	G01Z−5.7	
N50	M98P002	行切粗加工外平面
N60	G41X0Y−40D01	建立刀补 D01 = 5.3 mm
N70	M98P003	粗加工外轮廓
N80	G00Z10	
N90	X0Y−35	
N100	G01Z−5.7	
N110	M98P004	粗加工内轮廓
N120	G00Z10	
N130	F50S600	设定精加工参数值
N140	G40X0Y−50	
N150	G01Z−6	
N160	M98P002	行切精加工外平面

续表

序号	程序	注释
N170	G41X0Y-40D02	建立刀补 D02＝5.02 mm
N180	M98P003	精加工外轮廓
N190	G00Z10	
N200	G40X0Y-50	
N210	G41X0Y-35D03	D03＝5 mm
N220	G01Z-6	
N230	M98P004	精加工内轮廓
N240	G00Z50	
N250	X50Y50	
N260	M02	
	％002	
N10	G01X-50	
N20	Y50	
N30	X50	
N40	Y-50	
N50	X0	
N60	M99	
	％003	
N10	G01X-30	
N20	G02X-40Y-10R10	
N30	G01Y30	
N40	G02X-30Y40R10	
N50	G01X30	
N60	G02X40Y30R10	
N70	G01Y-30	
N80	G02X30Y-40R10	
N90	G01X0	
N100	M99	
	％004	
N10	G03I0J35	
N20	G01Y-20.77	
N30	G02X-1.55Y-20.53R5	

续表

序号	程序	注释
N40	G01X-10.82Y-17.52	
N50	G02X-13.32Y-15.7R5	
N60	G01X-19.05Y-7.81	
N70	G02X-20Y-4.87R5	
N80	G01Y4.87	
N90	G02X-19.05Y7.81R5	
N100	G01X-13.32Y15.7	
N110	G02X-10.82Y17.52R5	
N120	G01X-1.55Y20.53	
N130	G02X1.55R5	
N140	G01X10.82Y17.52	
N150	G02X13.32Y15.7R5	
N160	G01X19.05Y7.81	
N170	G02X20Y4.87R5	
N180	G01Y-4.87	
N190	G02X19.05Y-7.81R5	
N200	G01X13.32Y-15.7	
N210	G02X10.82Y-17.52R5	
N220	G01X1.55Y-20.53	
N230	G02X0Y-20.77R5	
N240	M99	

3）加工操作

①开机,回参考点。

②安装工件和刀具。

③对刀。

④输入加工程序,并模拟、调试。

⑤自动加工。

注意:加工前准备工作,确保机床开启后回过参考点;检查机床的快速修调和进给修调倍率,一般快速修调在 20% 以下,进给修调在 50% 以下,以防止速度过快导致撞刀;加工时如果不确定对刀是否正确,可采用单段加工的方式进行,在确定每把刀具在所建立的坐标系中第一个点正确后可自动加工。

4）检测

加工完后要对零件的尺寸精度和表面质量作相应的检测,分析原因,避免下次加工再出现类似情况。

5)关机

6)实训小结

本实训案例通过内外轮廓类零件的加工,让学生学会内外轮廓类零件加工的加工工艺制订以及正确使用刀具半径补偿、子程序调用等指令进行编程;进一步熟悉数控铣床的操作。粗加工时,设定刀补量为刀具半径+精加工余量;精加工时,设定刀补量为刀具半径,但有时为了保证实际尺寸精度,刀补量可根据粗加工后实测的尺寸取略小于刀具半径值。

7)课外练习

如图3.91所示的内外轮廓盖板零件,材料硬铝,毛坯为120 mm×120 mm×25 mm,六面已粗加工过,要求加工内、外轮廓。试确定其加工工艺并编制出数控加工程序。

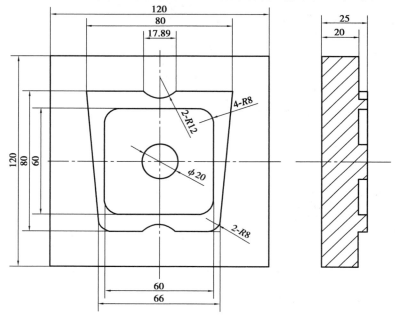

图3.91 内外零件图2

3.3.4 孔系类零件的加工

如图3.92所示的某冲压模具垫板零件,材料45钢,外形尺寸为100 mm×120 mm×35 mm,已加工过表面,要求加工两通槽及钻孔和扩孔。试确定其加工工艺并编制出数控加工程序。

1)工艺分析

(1)分析零件图样、尺寸公差、表面粗糙度及零件材料

根据图样和技术要求分析,该零件外形尺寸100 mm×120 mm×35 mm,六面加工过。要求加工两通槽,保证尺寸精度40 mm,深度8 mm;钻10×ϕ6 mm和3×ϕ15 mm通孔,保证中心距尺寸;扩10×ϕ10 mm孔深6 mm和3×ϕ20 mm孔深10 mm。零件材料为铝,尺寸标注完整,轮廓描述完整。

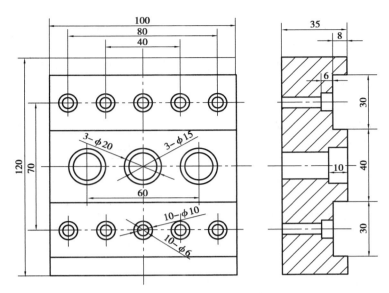

图 3.92　某冲压模具垫板零件图

（2）确定装夹方案

以已加工过的底面为定位基准,将其安放在垫块上,用机用平口虎钳夹紧工件前后两侧面,平口虎钳固定于铣床工作台上。

（3）确定刀具

根据图样分析,确定所用刀具,见表 3.32。

表 3.32　刀具加工参数表

T 刀号	刀具类型	H 长度补偿号	D 半径补偿号	主轴转速（r/min）	进给速度（mm/min）
T01	$\phi20$ mm 立铣刀	H01	D01	400	100
T02	$\phi3$ mm 中心钻	H02		1 200	120
T03	$\phi6$ mm 麻花钻	H03		650	100
T04	$\phi15$ mm 麻花钻	H04		400	50
T05	$\phi10$ mm 扩孔钻	H05		600	80
T06	$\phi20$ mm 扩孔钻	H06		350	40

（4）拟定加工路径

采用先粗后精的、先面后孔的原则拟定加工路径:清除工件毛刺,装夹工件,找正工件上表面→用 $\phi20$ mm 立铣刀加工通槽至尺寸→用 $\phi3$ mm 中心钻定位 $10\times\phi6$ mm 和 $3\times\phi15$ mm,钻深 3 mm→用 $\phi6$ mm 麻花钻钻 $10\times\phi6$ mm 通孔→用 $\phi15$ mm 麻花钻钻 $3\times\phi20$ mm 通孔→用 $\phi10$ mm 扩孔钻扩 $10\times\phi10$ mm 孔深 6 mm→$\phi20$ mm 扩孔钻扩 $3\times\phi20$ mm 孔深 10 mm→清理毛刺及倒角。

（5）确定切削参数

切削用量的具体数值应根据该机床性能、被加工表面质量,查阅相关的手册并结合实际经验确定。同时,在本次加工中所需麻花钻较多,遵循钻头越小,转速越高,进给速度越快。

根据以上原则确定本零件加工的切削参数见表 3.31。

（6）工件坐标系设定

根据图样特点，确定工件坐标系原点为毛坯上表面的对称中心，加工前用试切对刀方法对刀，设定 G54 工件坐标系。

2）编写数控加工程序

HNC-21M 数控系统的加工程序见表 3.33。

表 3.33　HNC-21M 数控系统的加工程序

序号	程序	注释
	%0001	程序号
N10	G54M03S400F100G43T01	加工通槽
N20	G41G00X-50Y20D01	
N30	Z1	
N40	G01Z-4M08	
N50	X50	
N60	Y50	
N70	X-50	铣上面通槽,分两次铣,每次深度为 4 mm
N80	Z-8	
N90	X-50Y20	
N100	X50	
N110	Y50	
N120	X-50	
N130	G00Z10	
N140	X-50Y-50	
N150	Z1	
N160	G01Z-4	
N170	X50	
N170	Y-20	
N180	X-50	铣下面通槽,分两次铣,每次深度为 4 mm
N190	Z-8	
N200	X-50Y-50	
N210	X50	
N220	Y-20	
N230	X-50	
N240	G40G00Z50M09M05	

续表

序号	程序	注释
N250	M06T02M03S1200F120	
N260	G43Z150H02	
N270	G81G99X-40Y35Z-3R10F120	用 ϕ3 mm 中心钻定位 10×ϕ6 mm 和 3×ϕ15 mm，钻深 3 mm
N280	X-20	
N290	X0	
N300	X20	
N310	X40	
N320	X30Y0	
N330	X0	
N340	X-30	
N350	X-40Y-35	
N360	X-20	
N370	X0	
N380	X20	
N390	X40	
N400	G49G00Z150M08	
N410	M05	
N420	M06T03	
N430	M03S650G43G00Z100H03M08	
N440	G83G99X-40Y35Z-40R-6Q5F100	用 ϕ6 mm 麻花钻钻 10×ϕ6 mm 通孔
N450	X-20	
N460	X0	
N470	X20	
N480	X40	
N490	G00Z20	
N500	G83G99X-40Y-35Z-40R-6Q5F100	
N510	X-20	
N520	X0	
N530	X20	
N540	X40	
N550	G49G00Z150M05M09	
N560	M06T04	

续表

序号	程序	注释
N570	M03S400G43G00Z100H04M08	
N580	G83G99X-30Y-35Z-40R2Q6F50	$\phi15$ mm 麻花钻钻 $3\times\phi20$ mm 通孔
N590	X0	
N600	X30	
N610	G49G00Z150M05M09	
N620	M06T05M03S600M08	
N630	G81G99X-40Y35Z-14R-6P2F80	
N640	X-20	
N650	X0	
N660	X20	
N670	X40	
N680	G00Z20	用 $\phi10$ mm 扩孔钻扩 $10\times\phi10$ mm,孔深 6 mm
N690	G81G99X-40Y-35Z-14R-6P2F80	
N700	X-20	
N710	X0	
N720	X20	
N730	X40	
N740	G49G00Z150M05M09	
N750	M06T06M03S350M08	
N760	G81G99X-30Y0Z-10R2P2F40	$\phi20$ mm 扩孔钻扩 $3\times\phi20$ mm,孔深 10 mm
N770	X0	
N780	X30	
N790	G49G00Z150M05M09	
N800	M02	

3) 加工操作

①开机,回参考点。

②安装工件和刀具。

③对刀。

④输入加工程序,并模拟、调试。

⑤自动加工。

注意:加工前准备工作,确保机床开启后回过参考点;检查机床的快速修调和进给修调倍率,一般快速修调在 20% 以下,进给修调在 50% 以下,以防止速度过快导致撞刀;加工时如果不确定对刀是否正确可采用单段加工的方式进行,在确定每把刀具在所建立的坐标系中第一个点正确后可自动加工。

4) 检测

加工完后要对零件的尺寸精度和表面质量作相应的检测,分析原因避免下次加工再出现类似情况。

5) 关机

6) 实训小结

本实训案例通过垫板零件的加工,让学生掌握孔的加工工艺的制订方法和孔加工循环指令应用;熟练掌握数控铣床及加工中心的操作。

7) 课外练习

如图 3.93 所示的某冲压模具凸模固定板零件,材料 45 钢,外形尺寸为 120 mm×60 mm×30 mm,已加工过表面,要求加工钻、攻 6×M10 螺纹孔。试确定其加工工艺并编制出数控加工程序。

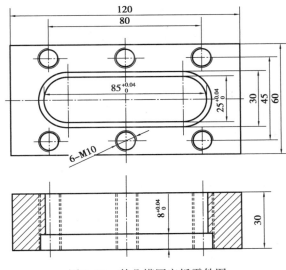

图 3.93　某凸模固定板零件图

3.3.5　曲面类零件的加工

如图 3.94 所示的椭圆底板零件,材料硬铝,外形尺寸为 80 mm×60 mm×10 mm,已加工过表面,要求用数控铣床加工出椭圆凸台。试确定其加工工艺并编制出数控加工程序。

1) 工艺分析

(1) 分析零件图样、尺寸公差、表面粗糙度及零件材料

根据图样和技术要求分析,该零件毛坯表面 80 mm×60 mm×10 mm,六面已粗加工过,要求加工椭圆凸台,其高度为 8 mm,保证椭圆长轴和短轴的尺寸。

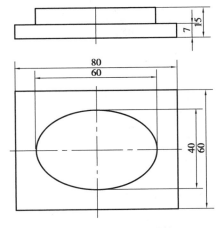

图 3.94　椭圆底板零件

零件的尺寸精度和表面质量无严格要求,零件材料为铝,尺寸标注完整,轮廓描述完整。

（2）确定装夹方案

以已加工过的底面为定位基准,将其安放在垫块上,用机用虎钳夹紧工件前后两侧面,虎钳固定于铣床工作台上。

（3）确定刀具

确定刀具的原则是在保证加工质量的条件下,尽量选择少的刀具以减少装刀、对刀、换刀时间,提高加工效率。依此原则选用 $\phi20$ mm 的立铣刀进行粗、精加工,定义为 T01,粗加工刀补号 D01,精加工刀补号 D02,粗加工为精加工留余量 0.3~0.5 mm。

（4）拟定加工路径

由外向内除去余量,采用先粗后精的加工方法,拟定加工路径:清除工件毛刺,装夹工件,找正工件上表面→清除 4 个角的余量→用 $\phi20$ mm 的立铣刀粗加工椭圆凸台,XY 侧留加工余量 0.3~0.5 mm→用 $\phi20$ mm 的立铣刀精加工椭圆凸台至尺寸→清理毛刺及倒角。

（5）确定切削参数

切削用量的具体数值应根据该机床性能、被加工表面质量,查阅相关的手册并结合实际经验确定。根据以上原则确定本零件加工的三要素:粗加工 S 为 400 r/min,F 为 100 mm/min;精加工 S 为 600 r/min,F 为 50 mm/min。

（6）工件坐标系设定

根据图样特点,确定工件坐标系原点为毛坯上表面的对称中心,加工前用试切对刀方法对刀,设定 G54 工件坐标系。

2）编写数控加工程序

HNC-21M 数控系统的加工程序见表 3.34。

表 3.34　HNC-21M 数控系统的加工程序

序号	程序	注释
	%0001	程序号
N10	G54M03S400F100T01	
N20	G00X40Y30Z5	
N30	G01Z-8	
N40	G00Z5	
N50	X-40Y30	
N60	G01Z-8	
N70	G00Z5	清除 4 个角的余量
N80	X-40Y-30	
N90	G01Z-8	
N100	G00Z5	
N110	X40Y-30	
N120	G01Z-8	

续表

序号	程序	注释
N130	G00Z50	
N140	G00X50Y0	
N150	Z2	
N160	G01Z-8	
N170	#1 = 0	粗加工椭圆凸台,D01 = 刀具半径值+精加工余量
N180	WHILE #1 GE 360	
N190	#2 = 30 * COS[#1]	
N200	#3 = 20 * SIN[#1]	
N210	G42G01X#2Z#3D01	
N220	#1 = #1+1	
N230	ENDW	
N240	G40G01X50Y0	
N250	G00Z2	
N260	S600F50	
N270	G01Z-8	
N280	#4 = 0	精加工椭圆凸台,D02 = 刀具半径值
N290	WHILE #4 GE 360	
N300	#5 = 30 * COS[#4]	
N310	#6 = 20 * SIN[#4]	
N320	G42G01X#5Z#6D02	
N330	#4 = #4+0.5	
N340	ENDW	
N350	G40G01X50Y0	
N360	G00Z100	
N370	M02	

3) 加工操作

①开机,回参考点。

②安装工件和刀具。

③对刀。

④输入加工程序,并模拟、调试。

⑤自动加工。

注意:加工前准备工作,确保机床开启后回过参考点;检查机床的快速修调和进给修调倍率,一般快速修调在20%以下,进给修调在50%以下,以防止速度过快导致撞刀;加工时如果不确定对刀是否正确可采用单段加工的方式进行,在确定每把刀具在所建立的坐标系中第一个点正确后可自动加工。

4)检测

加工完后要对零件的尺寸精度和表面质量作相应的检测,分析原因,避免下次加工再出现类似情况。

5)关机

6)实训小结

本实训案例通过曲面类零件的加工,让学生掌握宏指令编程方法和技巧;掌握曲面类加工工程中刀具选用、刀具路径及工艺参数的设置。

7)课外练习

如图3.95所示的椭圆型腔零件,材料硬铝,外形尺寸为100 mm×100 mm×25 mm,已加工过表面,要求用数控铣床加工出椭圆型腔。试确定其加工工艺并编制出数控加工程序。

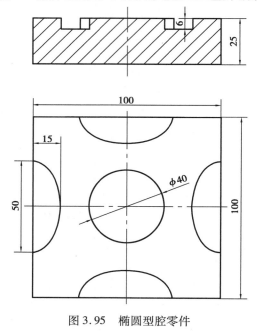

图3.95 椭圆型腔零件

3.3.6 综合件的加工

如图3.96所示的凹腔类零件,材料硬铝,外形尺寸为120 mm×120 mm×25 mm,已加工过表面,要求加工内外轮廓。试确定其加工工艺并编制出数控加工程序。

1)工艺分析

(1)分析零件图样、尺寸公差、表面粗糙度及零件材料

根据图样和技术要求分析,该零件毛坯外形尺寸20 mm×120 mm×25 mm,已加工过,要求加工内外轮廓,保证尺寸精度为90 ± 0.03 cm、$38^{+0.03}_{0}$、$28^{+0.03}_{0}$和$10^{+0.03}_{0}$,外轮廓的表面粗糙度 Ra 均为3.2 μm。零件材料为铝,尺寸标注完整,轮廓描述完整。

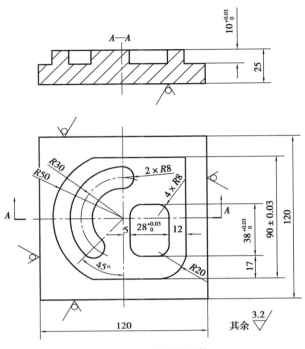

图 3.96 凹腔类零件

（2）确定装夹方案

以已加工过的底面为定位基准，将其安放在垫块上，用机用虎钳夹紧工件前后两侧面，虎钳固定于加工中心工作台上。

（3）确定刀具

确定刀具的原则是：在保证加工质量的条件下，尽量选择少的刀具以减少装刀、对刀、换刀时间，提高加工效率。根据图样分析，确定所用刀具，具体见表 3.35。

（4）拟定加工路径

采用先粗铣后精铣的加工方法，按照先粗后精、先面后孔的原则拟定加工路径。数控加工工序卡见表 3.35。

表 3.35 数控加工工序卡

工步号	工步内容	刀具号/D 补偿号	刀具规格/mm	切削用量		
				主轴转速 /($r \cdot min^{-1}$)	进给速度 /($mm \cdot min^{-1}$)	背吃刀量 /mm
1	粗加工外轮廓	T01/D01	$\phi16$ 立铣刀（粗）	300	50	
2	粗加工键槽	T02/D02	$\phi12$ 键槽刀（粗）	400	50	
3	粗加工内轮廓	T02/D02	$\phi12$ 键槽刀（粗）	400	50	
4	精加工内轮廓	T03/D03	$\phi12$ 键槽刀（精）	450	50	
5	精加工键槽	T03/D03	$\phi12$ 键槽刀（精）	450	50	
6	精加工外轮廓	T04/D04	$\phi16$ 立铣刀（精）	450	50	

（5）确定切削参数

切削用量的具体数值应根据该机床性能、被加工表面质量，查阅相关的手册并结合实际经验确定。根据以上原则确定本零件加工的三要素，见表3.35。

（6）工件坐标系设定

根据图样特点，确定工件坐标系原点为毛坯上表面的对称中心，加工前用试切对刀方法对刀，设定G54工件坐标系。

2）编写数控加工程序

HNC-21M数控系统的加工程序见表3.36。

表3.36　HNC-21M数控系统的加工程序

序号	程序	注释
	%0001	程序号
N10	G54M03S300F50T01G40	
N20	G00X-60Y-60Z5	粗加工外平面
N30	G01Z-9.7	
N40	Y60	
N50	X60	
N60	Y-60	
N70	X-60	
N80	G41G01X-21.66Y-45D01	建立刀补D01=8.2 mm，粗加工外轮廓
N90	M99P002	
N100	G00Z30	
N110	G40X0Y0	
N120	M06T02S400	
N130	G42G00X0Y22D02	建立刀补D02=6.2 mm，粗加工键槽
N140	Z5	
N150	G01Z-9.7	
N160	M99P003	
N170	G00Z30	
N180	G40X0Y0	
N190	G00X13Y-20	粗加工内轮廓，先行切后环切
N200	Z5	
N210	G01Z-9.7	
N220	Y5	
N230	X24	
N240	Y-20	
N250	G42X25Y-28D02	
N260	M98P004	
N270	G00Z30	

续表

序号	程序	注释
N280	G40X0Y0	
N290	M06T03S450	精加工内轮廓,先行切后环切,建立刀补 D03 = 6 mm,精加工内轮廓
N300	G00X13Y-20	
N310	Z5	
N320	G01Z-10. 01	
N330	Y5	
N340	X24	
N350	Y-20	
N360	G42G00X25Y-28D03	
N370	G00Z5	
N380	G01Z-10. 01	
N390	M98P004	
N400	G00Z30	
N410	G40X0Y0	建立刀补 D03 = 6 mm,精加工键槽
N420	G00G42X0Y22D03	
N430	Z5	
N440	G01Z-10. 01	
N450	M98P003	
N460	G00Z30	
N470	G40X0Y0	
N480	M06T04	
N490	G00X-60Y-60Z5	精加工外平面
N500	G01Z-10. 01	
N510	Y60	
N520	X60	
N530	Y-60	
N540	X-60	
N550	G41X-21. 66Y-45D05	建立刀补 D04 = 8 mm,精加工外轮廓
N560	M99P002	
N570	G00Z30	
N580	G40X0Y0	
N590	M02	

167

续表

序号	程序	注释
	％002	
N10	G02X-21.66Y45R50	
N20	G01X45	
N30	Y-25	
N40	G02X25Y-45R20	
N50	G01X-21.66	
N60	M99	
	％003	
N10	G03X-15.56Y-15.56R22	
N20	G02X-26.87Y-26.87R8	
N30	X0Y38R38	
N40	Y22R8	
N50	M99	
	％004	
N10	G01X13	
N20	G02X5Y-20R8	
N30	G01Y2	
N40	G02X13Y10R8	
N50	G01X25	
N60	G02X33R2R8	
N70	G01Y-20	
N80	G02X25Y-28R8	
N90	M99	

3）加工操作

①开机,回参考点。

②安装工件和刀具。

③对刀。

④输入加工程序,并模拟、调试。

⑤自动加工。

注意:加工前准备工作,确保机床开启后回过参考点;检查机床的快速修调和进给修调倍率,一般快速修调在20%以下,进给修调在50%以下,以防止速度过快导致撞刀;加工时如果不确定对刀是否正确,可采用单段加工的方式进行,在确定每把刀具在所建立的坐标系中第一个点正确后可自动加工。

4) 检测

加工完后要对零件的尺寸精度和表面质量作相应的检测,分析原因避免下次加工再出现类似情况。

5) 关机

6) 实训小结

本实训案例通过凹腔零件的加工,让学生掌握加工中心的操作;能熟练利用同一把刀,运用刀具补偿指令进行粗、精加工,灵活运用子程序简化编程;能熟练编写数控加工刀具卡片及工序卡。

7) 课外练习

如图 3.97 所示的综合件零件,材料硬铝,外形尺寸为 120 mm×120 mm×35 mm,已加工过表面,要求加工内外轮廓。试确定其加工工艺并编制出数控加工程序。

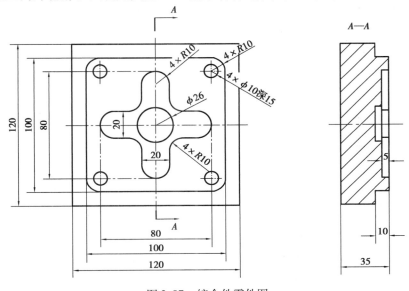

图 3.97 综合件零件图

3.4 数控铣床编程练习

3.4.1 铣练习一

铣练习一如图 3.98 所示。

分析与提示:

熟悉操作及界面,零点设置及对刀;基本编程指令的使用;编程步骤规范化;图形宽度 2 ~ 3 mm。

刀具:ϕ5 立铣刀。

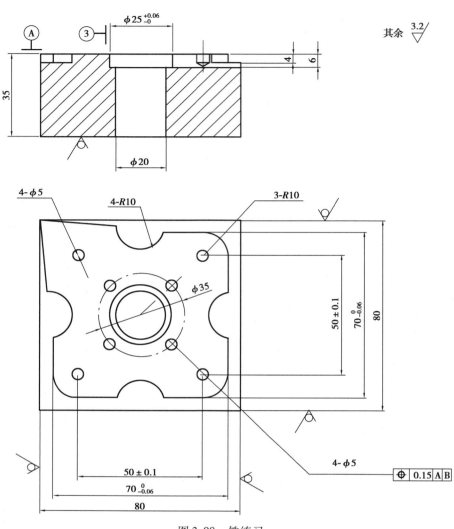

图 3.98　铣练习一

参考程序：

G54M03S1000F200

G0Z5

G0G42X10Y0

G1Z-2

G2I-10

G1X5

G2I-5

G1Z5

G0X12.5

G2I-12.5

G1Z5

G0G40X12.4Y12.5

G1Z-1

Z5

G0X-12.4

G1Z-1

Z5

G0Y-12.4

G1Z-1

Z5

G0Y-12.4

G1Z-1

Z5

G0X12.4

G1Z-1

Z5

G0X25Y-25

G1Z-1

Z5

G0Y25

G1Z-1

Z5

G0X-25

G1Z-1

Z5

G0Y-25

G1Z-1

Z5

G0G42X35Y-10

G1Z-1

G2Y10CR=10

G1Y25

G3X25Y35CR=10

G1X10

G2X-12Y37CR=10

G1X-40Y40

X-37Y12

G2X-35Y-10CR=10

G1X-25

G3X-25Y-35CR=10

G1X-10

G2X10Y-35CR＝10

G1X25

G3X35Y-25CR＝10

G1Y-10

Z5

G0X0Y0Z20

M02

3.4.2　铣练习二

铣练习二如图3.99所示。

分析与提示：

刀具长度补偿，半径补偿的使用；$\phi 25$采用镗孔（调刀训练）；4-$\phi 5$先打中心孔，再钻孔；4-$\phi 8$H8：打中心孔—钻孔—铰孔；孔加工视不同系统可采用循环指令。

刀具：键槽铣刀（尽可能大）；钻头$\phi 5$、$\phi 20$、中心钻、微调镗刀。

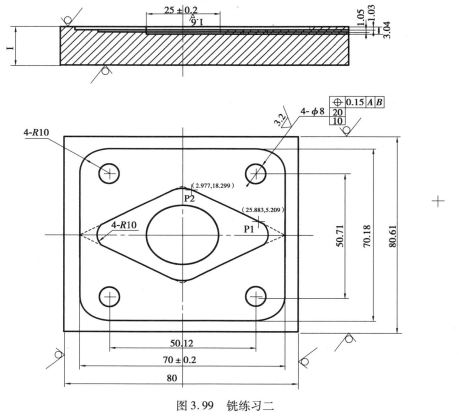

图3.99　铣练习二

参考程序：

G54M03F200S800

G0Z5

G0G41X25.883Y5.209

L1

```
G0G90X12.5Y0
G1Z-1
G2I-12.5
G1Z5
G1G40X0Y0
G0G41X12.5Y0
Z-2
G3I-12.5
G1X3
G3I-3
G1Z5
G0G40X25.06Y25
G1Z-1
Z5
G0X-25.06Y25
G1Z-1
Z5
G0X25.06Y-25
G1Z-1
Z5
G0G41X35Y-25
G1Z-1
G2X25.06Y-35CR=10
G1X-25.06
G2X-25Y-35CR=10
G1Y25
G2X-25.06Y35CR=10
G1X25.06
G2X35Y25CR=10
G1Y-25
Z5
G0G40X0Y0Z20
M02
L1
G91G1Z-6
X-22.866Y13.9
G3X-5.954CR=10
G1X-22.866Y-13.09
G3Y-10.418CR=10
```

G1X22.886Y-13.09

G3X5.954CR=10

G1X22.886Y13.09

G3Y10.418CR=10

G1Z5

3.4.3　铣练习三

铣练习三如图3.100所示。

分析与提示：

坐标变换技术；子程序（或循环）；相对坐标编程技术；注意铣刀与键槽铣刀的区别。

刀具：面铣刀、钻头、铰刀、铣刀（立铣或键槽铣，注意工艺不同）。

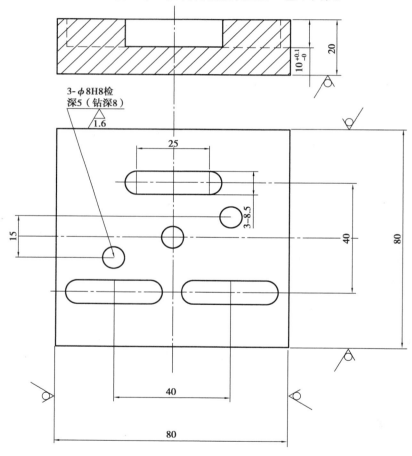

图3.100　铣练习三

参考程序：

G54 G90 F200S1000M03

G0X-20Y-7.5Z5

G1Z-1

Z5

G0X0Y0

G1Z-1

Z5

G0X20Y7.5

G1Z-1

Z5

G0G42X0Y15.75

L1

G0G90G42X-20Y-24.25

L1

G0G90G42X20Y-24.25

L1G0Z20

M02

L1.SPF

G91G1Z-1

X-12.5

G2Y8.5CR=4.25

G1X25

G2Y-8.5CR=4.25

G1X-12.5

Z5

G40

M17

3.4.4   铣练习四

铣练习四如图 3.101 所示。

分析与提示：

坐标变换技术；子程序(或循环)；相对坐标编程技术；注意铣刀与键槽铣刀的区别。

刀具：面铣刀、钻头、铰刀、铣刀(立铣或键槽铣,注意工艺不同)。

3.4.5   铣练习五

铣练习五如图 3.102 所示。

分析与提示：

循环编程技术(铣槽,刀具尽可能大)；参数；坐标旋转变换技术。

刀具：面铣刀、键槽铣刀(尽可能大)、刻刀。

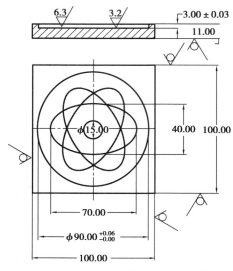

图 3.101　铣练习四

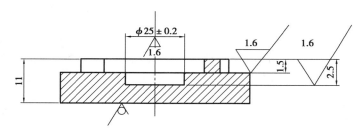

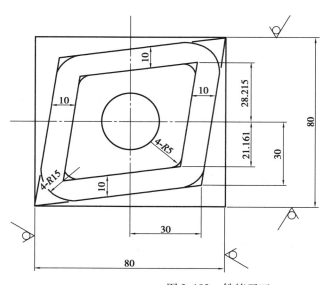

图 3.102　铣练习五

3.4.6 铣练习六

铣练习六如图 3.103 所示。

分析与提示：

子程序技术；坐标变换技术（旋转）；$\phi 25^{+0.052}_{0}$ 采用镗空（调刀训练）；4-ϕ10h8 空加工方案。

刀具：面铣刀、钻头、中心钻、立铣刀。

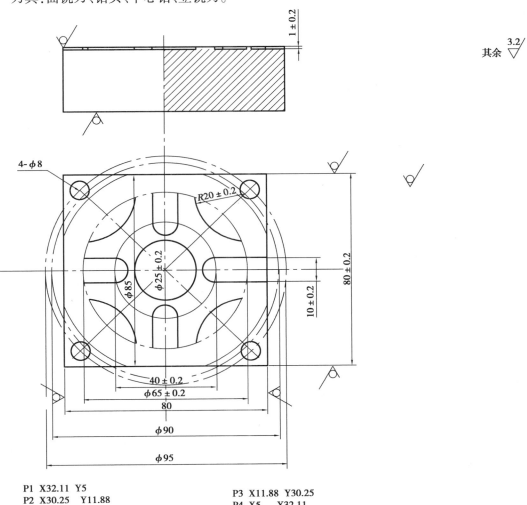

P1 X32.11 Y5
P2 X30.25   Y11.88

P3 X11.88 Y30.25
P4 X5   Y32.11

图 3.103   铣练习六

参考程序：

主程序 G54F300S800M03

G0X0Y0Z5

G1X4

Z-1

G2I-4

G1Y8.5

子程序 L5

G1G42X50Y0

X32.11Y-5

X20

G2Y5CR=5

G2J-8.5
G1Z5
G0Y38.5
G1Z-1
G2J-38.5
G1Y36.5
G2J-36.5
G1Z5
G0X50Y0
L5
ROT RPL=90
L5
ROT RPL=180
L5
ROT RPL=270
L5
ROT
G0X33.59Y33.59
G1Z-1
Z5
G0X-33.59Y33.59
G1Z-1
Z5
G0Y-33.59
G1Z-1
Z5
G0X33.59
G1Z-1
Z5
G0X0Y0Z40
M02

G1X32.11
G3X30.25Y11.88CR=32.5
G2X11.88Y30.25CR=20
G1Z10
G40X0Y50
M17

第 **4** 章
线切割实训

电火花线切割加工与常规机械切削加工的原理完全不同,它是一种在加工过程中用移动的细金属导线(铜丝或钼丝)作为电极,对工件进行脉冲火花放电、切割成形,从而达到加工目的的特种加工方法。线切割加工中,工件和电极丝的相对运动是由数字控制实现的,又称为数控电火花线切割加工,简称线切割加工。线切割是机械加工的一种重要手段,并得到了广泛的应用。

4.1 电火花线切割加工原理及过程

4.1.1 电火花线切割加工原理

电火花线切割加工时,工具电极和工件分别接脉冲电源的两极,并浸入工作液中,或将工作液充入放电间隙。通过间隙自动控制系统控制工具电极向工件进给,当两电极间的间隙达到一定距离时,两电极上施加的脉冲电压将工作液击穿,产生火花放电。在放电的微细通道中瞬时集中大量的热能,温度可高达 10 000 ℃ 以上,压力有急剧变化,从而使这一点工作表面局部微量的金属材料立刻熔化、汽化,并爆炸式地飞溅到工作液中,迅速冷凝,形成固体的金属微粒,被工作液带走,实现工件切割区域的材料去除。要实现电火花线切割加工,必须满足以下条件:①必须使工具电极(切割线)与工件之间始终保持一个合理的放电间隙,一般为几微米至几百微米。如果间隙过大,极间电压不能击穿极间介质,不会产生火花放电;如果间隙过小,很容易形成短路接触,也不能产生火花放电。②火花放电必须为瞬时的脉冲性放电,并在放电延续一段时间($10^{-7} \sim 10^{-3}$ s)后,停歇一段时间,这样才能使放电所产生的热量来不及传导扩散到其余部分,把每一次的放电蚀除点局限在很小的范围内。③线切割放电加工必须在较高电绝缘强制的工作介质中进行,如煤油、皂化液或去离子水等。

4.1.2 电火花加工过程

电火花加工的微观过程其实是电场力、磁力、热力、流体动力、电化学和胶体化学等综合作用的过程,这一过程大致可以分为以下 4 个连续阶段:

（1）极间介质的电离、击穿，形成放电通道

如图4.1所示为矩形波脉冲放电时的电压和电流波形。当脉冲电压施加于工具电极与工件之间时［图4.1（a）中的0—1段和1—2段］，两个电极之间立即形成一个电场。电场强度与电压成正比，与距离成反比，即随着极间电压的升高或极间距离的减小，极间电场强度随着增大。由于工具电极和工件的微观表面是凹凸不平的，极间距离又很小，因此极间电场强度很不均匀，两极间离得最近的突出点或尖端处的电场强度最大。

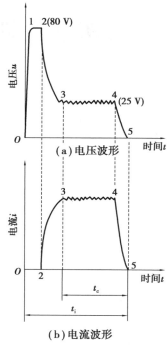

图4.1　矩形波脉冲放电时的
电压和电流波形

液体介质中不可避免地含有金属微粒、碳粒子等杂质，也有一些自由电子，使介质具有一定的电导率。在电场作用下，这些杂质使极间电场更不均匀。当阴极表面某处的电场强度增加到 1×10^5 V/mm 即 100 V/μm 左右时，就会由阴极表面向阳极逸出电子。在电场作用下，电子高速向阳极运动并撞击工作液介质中的分子或中性原子，产生碰撞电离，导致带电粒子雪崩式增多，使介质击穿而形成放电通道，如图4.1（a）所示。

从雪崩电离开始到建立放电通道的过程非常迅速，一般小于0.1 μs，间隙电阻从绝缘状态迅速降低到几分之一欧姆，间隙电流迅速上升到最大值（几安到几百安）。由于通道直径很小，所以通道中的电流密度可高达 $1 \times 10^3 \sim 1 \times 10^4$ A/mm³。间隙电压则由击穿电压迅速下到火花维持电压（一般约为25 V），电流则由0上升到某一峰值电流，如图4.1（a）、（b）中的2—3段至3—4段。

放电通道是由数量大体相等的带正电（正离子）粒子和带负电粒子（电子）以及中性粒子（原子或分子）组成的等离子体。带电粒子高速运动相互碰撞，产生大量的热，使通道温度相当高，通道中心温度可高达10 000 ℃以上。由于电子流动形成电流而产生磁场，磁场又反过来对电子流产生向心的磁压缩效应和周围介质惯性动力压缩效应的作用，通道瞬间扩展受到很大阻力，因此放电开始阶段通道截面很小，电流密度很大，而通道内由瞬时高温热膨胀形成的初始压力可达数十兆帕。高压高温的放电通道以及随后瞬时汽化形成的气体急速扩展，并产生一个强烈的冲击波向四周传播。在放电过程中，同时伴随着一系列派生现象，其中有热效应、电磁效应、光效应、声效应及频率范围很宽的电磁波辐射和局部爆炸冲击波等。

（2）介质热分解、电极材料熔化、汽化

极间介质一旦被击穿、电离、形成放电通道后，脉冲电源使通道间的电子高速奔向正极，正离子奔向负极。电能转换成动能，动能通过带电粒子对相应电极的高速碰撞转变为热能。于是在通道内，正极和负极表面分别成为瞬时热源，温度急剧升高，达到5 000 ℃以上。放电通道在高温的作用下，首先把工作液介质汽化，进而热裂分解汽化，同时高温使金属材料熔化，直至沸腾汽化。这些汽化后的工作液和金属蒸气，瞬时体积猛增，迅速热膨胀，就像火药、爆竹点燃后那样具有爆炸的特性。通过观察电火花加工过程，可以看到放电间隙间冒出很多小气泡，工作液逐渐变黑，并听到轻微而清脆的爆炸声。从超高速摄影中可以看到，这一阶段中各种小气泡最后形成一个大气泡充满在放电通道的周围，并不断向外扩大。这种热膨胀和

局部微爆炸,使熔化、汽化的电极材料抛出而形成蚀除,相当于图 4.1 中 3—4 段,此时空载电压降为 25 V 左右的火花维持电压,它含有高频成分而呈锯齿状,电流则上升为锯齿状的放电峰值电流。

(3)电极材料的抛出

通道内正、负极表面放电点瞬时高温使工作液汽化和金属材料熔化、汽化,通道内的热膨胀产生很高的瞬时压力,使气体汽化体积不断向外膨胀,形成一个扩张的气泡。气泡上下、内外的瞬时压力并不相等,压力高处的熔融金属液体和蒸气就被排挤、抛出而进入工作液中。抛出的两电极带电荷的材料在放电通道内相互吸引汇集后凝聚,最终形成细小的中性圆球蚀除产物颗粒。实际上熔化和汽化的材料在抛离两电极表面时,向四处飞溅,除绝大部分被抛入工作液中收缩成小颗粒外,还有小部分飞溅、吸附在电极表面。总之,电极材料的抛出是热爆炸力、电磁动力、流体动力等综合作用的结果,对这一复杂的抛出机理的认识还在不断深化中。

(4)极间介质的消电离

随着脉冲电压的下降,脉冲电流迅速降为零,如图 4.1 中的 4—5 段,标志着一次脉冲放电结束。但此后仍应有一段间隔时间,使间隙介质消电离,即放电通道中的带电粒子复合为中性粒子,将通道内已经形成的放电蚀除产物及一些中和的带电微粒尽可能排除通带区域,恢复本次放电通道处间隙介质的绝缘强度,并降低电极表面的温度,以免下一次总是重复在同一处放电而导致电弧放电,这样可以保证在其他两极相对最近处或电阻率最小处形成下一击穿放电通道,这是电火花加工时所必需的放电点转移原则。

加工过程中产生的电蚀产物(如金属微粒、碳粒子、气泡等)如果来不及排除、扩散出去,就会改变间隙介质的成分和降低绝缘强度。脉冲火花放电时产生的热量如不及时传出,带电粒子的自由能不易降低,将大大减少复合的概率,使消电离过程不充分,结果使下一个脉冲放电通道不能顺利地转移到其他部位,而始终集中在某一部位,导致该处介质局部过热而破坏消电离过程,脉冲火花放电转变为有害的稳定电弧放电,同时,工作液局部高温分解后可能积炭,在该处聚集成焦粒而在两极间搭桥,使加工无法进行下去,并烧伤电极。

4.2 快走丝电火花线切割机床的结构组成及其主要技术参数

4.2.1 快走丝电火花线切割机床的结构组成

各种快走丝线切割机床的结构大同小异,如图 4.2 所示为快走丝线切割机床的外观,可分为机床主机、脉冲电源和数控装置三大部分。在三大部分中又包含有相应的结构,如图 4.3 所示。

(1)机床主机

机床主机主要包括坐标工作台、运丝机构、丝架、冷却系统和床身 5 个部分。

①坐标工作台:用来装夹被加工的工件,其运动分别由两个步进电动机控制。

②运丝机构:用来控制电极丝与工件之间产生相对运动。

③丝架:与运丝机构一起构成电极丝的运动系统。它的功能主要是对电极丝起支撑作

用,并使电极丝工作部分与工作台平面保持一定的几何角度,以满足各种工件(如带锥度工件)加工的需要。

④冷却系统:用来提供一定绝缘性能的工作介质——工作液,同时可对工件和电极丝进行冷却。

⑤床身。

图4.2　快走丝线切割机床外观示意图

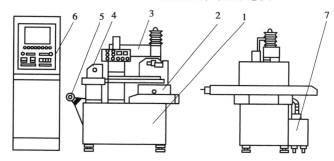

图4.3　快走丝线切割机床的结构组成

1—床身;2—工作台;3—丝架;4—储丝筒;5—紧丝电动机;6—数控装置;7—工作液循环系统

(2)脉冲电源

脉冲电源是电火花线切割加工的工作能源,它由振荡器及功放板组成,振荡器的振荡频率、脉宽和间隔比均可调。根据加工零件的厚度及材料选择不同的电流、脉宽和间隔比。加工时钼丝接电源的负极,工件接电源的正极。

(3)数控装置

数控装置中装有控制系统和自动编程系统,能在数控装置中进行自动编程和对机床坐标工作台的运动进行数字控制。

4.2.2　快走丝电火花线切割机床的型号和主要技术参数

根据国家标准《电火花成形机床　精度检验　第1部分:单立柱机床(十字工作台型和固定工作台型)》(GB/T 5291.1—2023)规定,电火花成型机床均用 D71 加上机床工作台面宽度的 1/10 表示。例如,D7140 中,"D"表示电加工成型机床(若该机床为数控电加工机床,则在

"D"后加"K",即 DK);"71"表示电火花成型机床;"40"表示机床工作台的宽度为 400 mm。

电火花线切割机床的主要技术参数包括工作台行程、最大切割厚度、切割锥度、切割速度、加工精度、加工表面粗糙度以及数控系统的控制方式等。表 4.1 为 DK77 系列快速走丝线切割机床的主要规格和技术参数(不同厂家生产的快走丝线切割机床的参数可能有细微不同)。

表 4.1　DK77 系列快速走丝线切割机床的主要规格和技术参数表

型号	DK7725 系列	DK7732 系列	DK7740 系列
工作台面尺寸	640 mm×460 mm	880 mm×540 mm	900 mm×550 mm
工作台行程	320 mm×250 mm	420 mm×320 mm	480 mm×400 mm
最大切割厚度	普通可调线架为 300 mm,锥度可调线架为 250 mm		
最大切割锥度	3°~6°		
最大切割速度	>120 mm²/min		
加工表面粗糙度	$Ra \leqslant 2.5$ μm(20 mm²/min)		
电极丝直径	$\phi 0.10 \sim \phi 0.19$ mm		
保护功能	断线自动关断走丝电机		
工作电源	单相 220 V、50 Hz		
功耗	<1 kW		
机床尺寸	1 400 mm×1 150 mm×1 600 mm	1 400 mm×1 300 mm×1 600 mm	

4.3　快走丝电火花线切割机床的基本操作

数控电火花线切割加工一般作为工件加工中的精加工工序,即按照图样的要求,使工件达到图形形状尺寸、精度、表面粗糙度等各项工艺指标。做好加工前的准备、安排好工艺路线、合理选择设定参数,是完成工件加工的重要环节。其操作流程如下:

工件材料的选择—选择工艺基准—加工穿丝孔—确定切割线路—工具电极的选择与安装—装夹工件—选择电参数—编写加工程序—线切割加工—加工完毕—检查加工状况。

4.3.1　线切割加工前的准备工作

(1)工件材料的选定和处理

工件材料的选定是在设计图样时决定的。例如,模具加工,在加工前需要锻打和热处理。锻打后的材料在锻打方向与其垂直方向会有不同的残余应力,淬火后同样会出现残余应力。对于这种加工来说,加工残余应力的释放会使工件变形,而达不到加工尺寸精度,淬火不当的材料会在加工中出现裂纹。工件应在回火后才能使用,而且回火要两次以上或者采用高温回火。此外,加工前要进行消磁处理及去除表面氧化皮和锈斑等。

（2）工艺基准的选择

为保证将工件正确、可靠地装夹在机床或夹具上，必须预加工出相应的基准，并尽量使定位基准与设计基准重合。

（3）穿丝孔的加工

①加工穿丝孔的必要性。凹型类封闭形工件在切割前必须具有穿丝孔以保证工件的完整性，这是显而易见的。凸型类工件的切割同样必须要有加工穿丝孔。坯件材料在切断时，会破坏材料内部应力的平衡状态而造成材料的变形，影响加工精度，严重时会造成夹丝、断丝，当采用穿丝孔时，可以使工件毛坯料保持完整，从而减少变形所造成的误差。

②穿丝孔的位置和直径。在切割中、小孔形凹型类工件时，穿丝孔位于凹型的中心位置操作最为方便。因为这既能使穿丝孔加工位置准确，又能控制坐标轨迹的计算；在切割凸型类工件或大孔形凹型类工件时，穿丝孔应设置在加工起始点附近，这样可以大大缩短无用切割行程。穿丝孔的位置最好选在已知坐标点或便于计算的坐标点上，以简化有关轨迹控制的运算。

③加工穿丝孔。穿丝孔应在具有较精密坐标工作台的机床上加工，这是因为多数穿丝孔都要作为加工基准，必须确保其位置精度和尺寸精度，一般要等于或高于工件要求的精度。通常可采用钻铰、钻镗或钻车等较精密的机械加工方法。

（4）切割线路的确定

在加工中，工件内部应力的释放会引起工件的变形，在选择加工路线时，应注意以下几点：

①加工路线应从离开工件夹具的方向开始加工（即使夹持部分的加工位于程序的最后位置），以避免加工中内应力释放引起的工件变形。

②避免从工件端面开始加工，应从穿丝孔开始加工。

③加工的路线距离端面（侧面）应大于 5 mm，以保证工件结构强度少受影响，不发生变形。

④在同一块材料上若要切出两个以上的零件时，不应连续一次切割出来，而应从不同预孔开始加工。

⑤进入点的选择应尽量避免留下接刀痕，如果不可避免，应尽量将进刀点放在尺寸精度要求不高或容易钳修处。

（5）电极丝的选择

电极丝的种类很多，有纯铜丝、钼丝、钨丝、黄铜丝和各种专用铜丝。表 4.2 为电火花线切割使用的电极丝。

表 4.2　各种电极丝的特点

材质	直径/mm	特点
纯铜	0.1~0.25	适用于切割速度要求不高的精加工，丝不易卷曲，抗拉强度低，容易断丝
黄铜	0.1~0.30	适用于高速加工，加工面的蚀屑附着少，表面粗糙度和加工面的平直度较好
专用黄铜	0.05~0.35	适用于高速、高精度和理想的表面粗糙度加工以及自动穿丝，但价格高
钼	0.06~0.25	抗拉强度高，一般用于高速走丝，在进行细微、窄缝加工时可低速走丝
钨	0.03~0.1	抗拉强度高，可用于各种窄缝的细微价格，但价格昂贵

（6）电极丝补偿

电极丝自身具有一定的尺寸,如果不进行补偿,让电极丝的中心在工件轮廓上加工,加工出的零件尺寸就不符合要求。如图4.4所示,为了使加工出的零件符合要求,就要让电极丝向工件轮廓外偏移,偏移量等于一个电极丝半径加上放电间隙的距离。

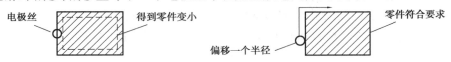

图4.4　电极丝补偿半径示意图

电极丝半径补偿命令有:①G40:取消电极丝半径补偿,如图4.5(a)所示。②G41:电极丝半径左补偿,即以工件轮廓加工前进方向看,加工轨迹向左侧偏移一个偏移量的距离进行加工,如图4.5(b)所示。③G42:电极丝半径右补偿,即以工件轮廓加工前进方向看,加工轨迹向右侧偏移一个偏移量的距离进行加工,如图4.5(c)所示。在实际加工时要根据运丝方向和补偿方向来选择合适的补偿方式。

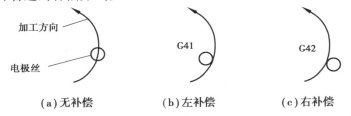

图4.5　电极丝半径补偿方式

（7）工件的装夹

工件的装夹形式对加工精度有直接影响。线切割机床的夹具比较简单,一般是在通用夹具上采用压板螺钉固定工件。有时会用到磁力夹具、旋转夹具或专用夹具。

①工件装夹的一般要求。

a.工件的基准表面应清洁无毛刺,经热处理的工件,在穿丝孔内及扩孔的台阶处要清除热处理残物及氧化皮。

b.夹具应具有必要的精度,将其稳固地固定在工作台上,拧紧螺丝时用力要均匀。

c.工件装夹的位置应有利于工件找正,并应与机床行程相适应,工作台移动时工件不得与丝架相碰。

d.对工件的夹紧力要均匀,不得使工件变形或翘起。

e.加工大批零件时,最好采用夹具,以提高生产效率。

f.细小、精密、薄壁的工件应固定在不易变形的辅助夹具上。

②支撑装夹方法。

a.两端支撑方式。其支撑稳定,平面定位精度高,工件底面与切割面垂直度好,但对较小的零件不适用。

b.桥式支撑方式。采用两块支撑垫铁架在双端夹具体上。其特点是通用性强,装夹方便,大、中、小工件装夹都比较方便。

c.板式支撑方式。可根据经常加工工件的尺寸而定,可呈矩形或圆形孔,并可增加 X、Y两个方向的定位基准。装夹精度高,适用于常规生产和批量生产。

d. 复式支撑方式。在桥式夹具上,再装上专用夹具组合而成。装夹方便,特别适用于加工成批零件。该方式可节省工件找正和调整电极丝相对位置等辅助工时,保证工件加工的一致性。

(8)电参数的选择

进行数控电火花线切割加工时,所选的电参数是否合理,将直接影响切割速度和表面粗糙度。选择小的电参数,可获得较好的表面粗糙度;选择大的电参数,可获得较高的切割速度。

线切割加工中所选用的一组电脉冲参数称为电规准,可分为粗、中、精 3 种。粗规准一般采用较大的峰值电流 $I_p = 12$ A 以上、较长的脉冲宽度 $t_{on} = 20 \sim 60$ μs;中规准一般采用的峰值电流 $I_p = 6 \sim 12$ A、脉冲宽度 $t_{on} = 6 \sim 20$ μs;精规准采用小的峰值电流 $I_p = 5$ A 以下,高频率和短的脉冲宽度 $t_{on} = 2 \sim 6$ μs。

4.3.2 快走丝电火花线切割机床的控制器操作

(1)线切割加工步骤

加工前先准备好工件毛坯、压板、夹具等装夹工具。若需切割内腔形状工件,毛坯应预先打好穿丝孔,然后按照以下步骤操作:

①启动机床电源进入系统,编制加工程序。

②检查系统各部分是否正常,包括高频、水泵、丝筒等的运行情况。

③进行卷丝筒上丝、穿丝和电极丝找正操作。

④装夹工件,根据工件厚度调整 Z 轴至适当位置并锁紧。

⑤移动 X、Y 轴坐标确立切割起始位置。

⑥开启工作液泵,调节泵嘴流量。

⑦运行加工程序开始加工,调整加工参数。

⑧监控运行状态,如发现堵塞工作液循环系统,应及时疏通,及时清理电蚀产物,但在整个切割过程中,均不宜变动进给控制按钮。

⑨每段程序切割完毕后,一般都应检查纵、横拖板的手轮刻度是否与指令规定的坐标相符,以确保高精度零件加工的顺利进行。如出现差错,应及时处理,避免加工零件报废。

⑩加工结束后,先关脉冲电源、步进电源,后关机床液泵和丝筒。

(2)线切割加工基本操作

线切割加工的操作和控制大多是在电源控制柜上进行的。DK7740 数控电火花线切割机的基本操作如下:

①电源的接通与关闭。

a. 打开电源柜上的电气控制开关,接通总电源。

b. 待 Windows 系统启动后,双击桌面上的 HF 系统软件图标,进入 HF 编控一体化系统。

c. 按下绿色启动按钮,启动机床电源,并按需完成编程、加工。

d. 在 HF 线切割编控一体化系统界面上部,关闭脉冲电源、步进电源。

e. 关闭机床液泵,待储丝筒刚换向后尽快按下停丝按钮,按下红色按钮关闭机床电源。

f. 退出 HF 线切割编控一体化系统,关闭 Windows 系统。

g. 关闭电源柜上的电气控制开关,断开总电源。

②绕丝操作。

a. 穿丝前先调整储丝筒位置,使导轮所在的垂直面对准储丝筒的相应一侧。

b. 从储丝筒的右端接入丝头,拧紧储丝筒端部紧固螺钉,剪掉多余丝头后,手动逆时针旋转储丝筒,使电极丝缓慢绕上几圈。

c. 继续手动旋转储丝筒手柄或者开启慢运丝,开始绕丝,直至绕上合适的丝线长度。

d. 关掉慢运丝,剪掉多余电极丝并固定好丝头。

e. 继续逆时针转动储丝筒 10 圈左右,然后从储丝筒左边由上向下穿丝,如图 4.6 所示。注意电极丝应该经各导轮后,从储丝筒下部绕上左边的紧固螺钉。

f. 调整卷丝筒左右行程挡块,两边各留出 2 ~ 3 mm 宽度的电极丝。

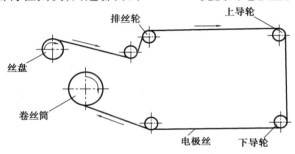

图 4.6　绕丝路径

③电极丝找正。

在切割加工之前必须对电极丝进行找正操作,具体步骤如下:

a. 保证工作台面和找正器各面干净无损坏。

b. 打开控制柜的脉冲电源并调整放电参数,使之处于微弱状态。

c. 手动调整 X 轴或 Y 轴坐标至电极丝贴近找正器垂直面,当它们之间的间隙足够小时,会产生放电火花,观察火花放电是否均匀。

d. 通过手动调整 U 轴或 V 轴坐标,直到放电火花上下均匀一致,电极丝即找正。

(3)加工操作注意事项

①装夹工件应充分考虑装夹部位和穿丝进刀位置,保证切割路径通畅。

②在放电加工时,工作台架内不允许放置任何杂物以防损坏机床。

③在进行穿丝、绕丝等操作时,一定注意电极丝不要从导轮槽中脱出,并与导电块良好接触。

④合理配置工作液浓度,以提高加工效率及表面质量。

⑤切割时,控制喷嘴流量不要过大,以防飞溅。

⑥切割时要随时观察运行情况,排除事故隐患。

⑦每次切割前,注意检查各导电块。若电极丝切入导电块较深位置,则需更换导电块,防止切断导电螺杆。

4.4 快走丝电火花线切割的3B代码编程

4.4.1 快走丝电火花线切割编程概述

要使数控电火花线切割机床按照预定的要求自动完成零件的加工,就必须先把要加工零件的切割顺序、切割方向、切割尺寸等一系列加工信息,按数控系统要求的格式编制成加工程序,以实现加工。

数控线切割编程的方法分为手工编程和自动编程。手工编程能使操作者比较清楚地了解编程所需要进行的各种计算、编程原理和过程,但计算工作较复杂,费时间。近年来随着计算机技术的发展,线切割编程大多采用计算机辅助的自动编程方法,减轻了编程的劳动强度,减少了编程所需的时间。

线切割程序的格式有3B、4B、5B、ISO 和 EIA 等,目前国内使用较多的是3B 格式。为了与国际接轨,目前也有许多系统直接采用 ISO 代码格式。本节主要介绍3B 程序格式和 HF 自动编程系统。

线切割加工轨迹图形是由直线和圆弧组成的,它们的3B 程序指令格式见表4.3。其中,B 为分隔符,它的作用是将 X、Y、J 数码区分开来;X、Y 为增量(相对)坐标值;J 为加工线段的计数长度;G 为加工线段计数方向;Z 为加工指令。

表4.3 3B 程序指令格式

B	X	B	Y	B	J	G	Z
分隔符	X 坐标值	分隔符	Y 坐标值	分隔符	计数长度	计数方向	加工指令

4.4.2 直线的3B 代码编程

(1)x,y 值的确定

①以直线的起点为原点,建立正常的直角坐标系,x,y 表示直线终点的坐标绝对值,单位为 μm。

②在直线3B 代码中,x,y 值主要是确定该直线的斜率,可将直线终点坐标的绝对值除以它们的最大公约数作为 x,y 的值,以简化数值。

③若直线与 X 或 Y 轴重合,为区别一般直线,x,y 均可写作0,也可以不写。

如图 4.7(a)所示的轨迹形状,请读者试着写出其 x,y 值,具体答案可参考表4.4(注:在本节图形所标注的尺寸中若无说明,单位都为 mm)。

(2)G 的确定

G 用来确定加工时的计数方向,分 Gx 和 Gy。直线编程的计数方向的选取方法是以要加工的直线的起点为原点,建立直角坐标系,取该直线终点坐标绝对值大的坐标轴为计数方向。具体确定方法:若终点坐标为 (x_e,y_e),令 $x=|x_e|,y=|y_e|$,若 $y<x$,则 $G=Gx$[图 4.8(a)];若 $y>x$,则 $G=Gy$[图 4.8(b)];若 $y=x$,则在一、三象限取 $G=Gy$,在二、四象限取 $G=Gx$。

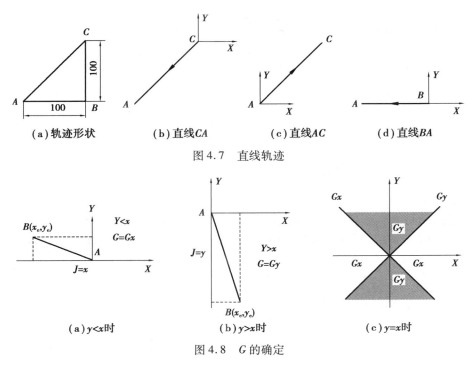

图 4.7　直线轨迹

图 4.8　G 的确定

（3）J 的确定

①J 为计数长度,以 μm 为单位。以前编程应写满 6 位数,不足 6 位前面补零,现在的机床基本上可以不用补零。

②J 的取值方法:由计数方向 G 确定投影方向,若 $G=Gx$,则将直线向 X 轴投影得到长度的绝对值即为 J 的值;若 $G=Gy$,则将直线向 Y 轴投影得到长度的绝对值即为 J 的值。

（4）Z 的确定

加工指令 Z 按照直线走向和终点的坐标不同可分为 $L1$、$L2$、$L3$、$L4$,其中与+X 轴重合的直线算作 $L1$,与−X 轴重合的直线算作 $L3$,与+Y 轴重合的直线算作 $L2$,与−Y 轴重合的直线算作 $L4$,具体如图 4.9 所示。

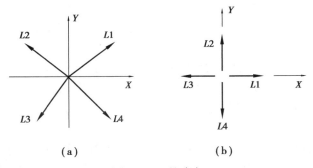

图 4.9　Z 的确定

综上所述,图 4.7（b）、（c）、（d）所示中线段的 3B 代码见表 4.4。

表 4.4　直线 3B 代码编程

直线	B	X	B	Y	B	J	G	Z
CA	B	1	B	1	B	100 000	Gy	L3
AC	B	1	B	1	B	100 000	Gy	L1
BA	B	0	B	0	B	100 000	Gx	L3

4.4.3　圆弧的 3B 代码编程

(1)x,y 值的确定

以圆弧的圆心为原点,建立正常的直角坐标系,x,y 表示圆弧起点坐标的绝对值,单位为 μm。如图 4.10(a)所示,$x=30\ 000$,$y=40\ 000$;如图 4.10(b)所示,$x=40\ 000$,$y=30\ 000$。

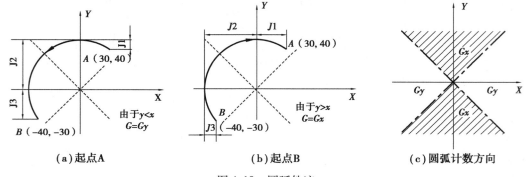

(a)起点A　　　　　　　　(b)起点B　　　　　　　　(c)圆弧计数方向

图 4.10　圆弧轨迹

(2)G 的确定

G 用来确定加工时的计数方向,分 Gx 和 Gy。圆弧编程的计数方向的选取方法是以某圆心为原点建立直角坐标系,取终点坐标绝对值小的轴为计数方向。具体确定方法:若圆弧终点坐标为 (x_e,y_e),令 $x=|x_e|$,$y=|y_e|$,若 $y<x$,则 $G=Gy$[图 4.10(a)];若 $y>x$,则 $G=Gx$[图 4.10(b)];若 $y=x$,则 Gx、Gy 均可。

由此可知,圆弧计数方向由圆弧终点的坐标绝对值大小决定,其确定方法与直线刚好相反,即取与圆弧终点处走向较平行的轴作为计数方向,具体如图 4.10(c)所示。

(3)J 的确定

圆弧编程中 J 的取值方法:由计数方向 G 确定投影方向,若 $G=Gx$,则将圆弧向 X 轴投影;若 $G=Gy$,则将圆弧向 Y 轴投影。J 值为各个象限圆弧投影长度绝对值的和。如在图 4.10(a)、(b)中,$J1$、$J2$、$J3$ 大小分别如图中所示,$J=|J1|+|J2|+|J3|$。

(4)Z 的确定

加工指令 Z 按照第一步进入的象限可分为 R1、R2、R3、R4;按切割的走向可分为顺圆 S 和逆圆 N,于是共有 8 种指令:SR1、SR2、SR3、SR4、NR1、NR2、NR3、NR4,具体如图 4.11 所示。

例 4.1:请写出如图 4.12 所示轨迹的 3B 程序。

解:对图 4.12(a),起点为 A,终点为 B,

$J=J1+J2+J3+J4=10\ 000+50\ 000+50\ 000+20\ 000=130\ 000$

其 3B 程序为

B30000   B40000   B130000   GY   NR1

对图 4.12(b),起点为 B,终点为 A,

$J = J1 + J2 + J3 + J4 = 40\ 000 + 50\ 000 + 50\ 000 + 30\ 000 = 170\ 000$

其 3B 程序为

40000   B30000   B170000   GX   SR4

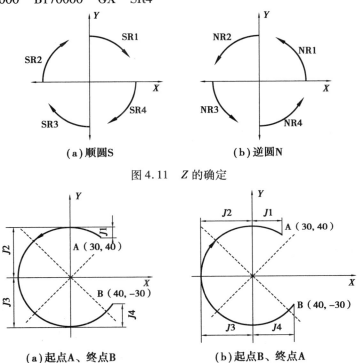

图 4.11 Z 的确定

图 4.12   编程图形

4.5   HF 线切割编控一体化系统

HF 线切割数控自动编程软件系统是一个高智能化的图形交互式软件系统。通过简单、直观的绘图工具,将所要进行切割的零件形状描绘出来;按照工艺的要求,将描绘出来的图形进行编排等处理;再通过系统处理成一定格式的加工程序。

4.5.1   HF 系统的基本术语和约定

(1)辅助线

用于求解和产生轨迹线(也称切割线)几何元素。它包括点、直线、圆。在软件中点用红色表示,直线用白色表示,圆用高亮度白色表示。

(2)轨迹线

轨迹线是具有起点和终点的曲线段。软件中轨迹线是直线段的用淡蓝色表示,是圆弧段的用绿色表示。

（3）切割线方向

切割线方向是指切割线的起点到终点的方向。

（4）引入线和引出线

引入线和引出线是一种特殊的切割线,用黄色表示。它们应该是成对出现的。

（5）约定

①在全绘图方式编程中,用鼠标确定了一个点或一条线后,可使用鼠标或键盘再输入一个点的参数或一条线的参数。但使用键盘输入一个点的参数或一条线的参数后,就不能用鼠标来确定下一个点或下一条线。

②为了在以后的绘图中能精确地指定一个点、一条线、一个圆或某一个确定的值,软件中可对这些点、线、圆、数值作标记。

此软件规定:

Pn(point)表示点,并默认 $P0$ 为坐标系的原点。

Ln(line)表示线,并默认 $L1$、$L2$ 分别为坐标系的 X 轴、Y 轴。

Cn(cycle)表示圆。

Vn(value)表示某一确定的值。软件中用 PI 表示圆周率($\pi = 3.1415926\cdots\cdots$)。

$V2 = \pi/180$,$V3 = 180/\pi$。

4.5.2　HF 系统的界面及功能模块介绍

（1）全绘编程界面

在主菜单下,点击"全绘编程"按钮就会显示如图 4.13 所示界面。

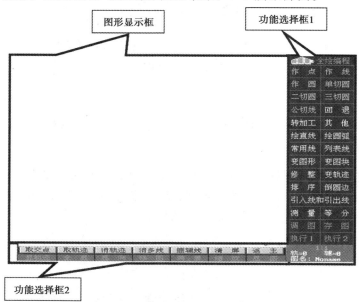

图 4.13　HF 全绘编程界面

①图形显示框:所画图形显示的区域,在整个"全绘编程"过程中这个区域始终存在。

②功能选择框:功能选择区域,一共有两个。在整个"全绘编程"过程中这两个区域随着功能的选择而变化,其中,"功能选择框 1"变为该功能的说明框,"功能选择框 2"变为对话提

示框和热键提示框。如图 4.14 所示,此图为选择了"作圆"功能中"心径圆"子功能后出现的界面,此界面中"图形显示框"与图 4.13 一样;"功能说明框"将功能的说明和图例显示出来,供操作参考;"对话提示框"提示用户输入"圆心和半径",当用户根据要求输入后,"回车",一个按照用户的要求的圆就显示在"图形显示框"内;"热键提示框"提示了该子功能中,用户可以使用的热键内容。

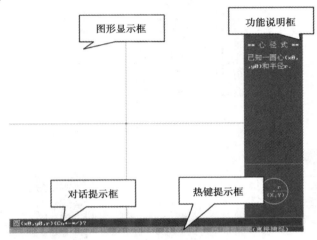

图 4.14　HF 全绘编程作图("心径圆")子功能界面

以上两个界面为全绘编程中常常出现的界面,作为第二个界面只是随着子功能的不同所显示的内容不同。

（2）HF 全绘编程功能选择框 1

如图 4.15—图 4.19 所示为 HF 全绘编程功能选择框 1 中的功能分区及各项常用的子功能,具体使用方法参见 4.4.3。

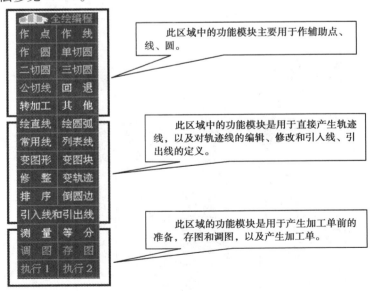

图 4.15　HF 全绘编程功能选择框 1 各区域的主要功能

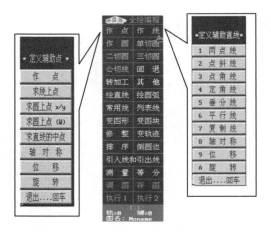

图 4.16　作辅助点、辅助线子功能

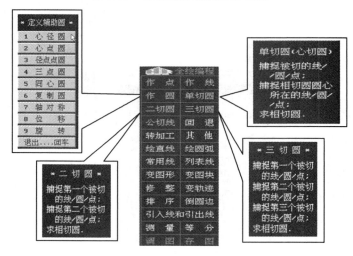

图 4.17　作辅助圆子功能

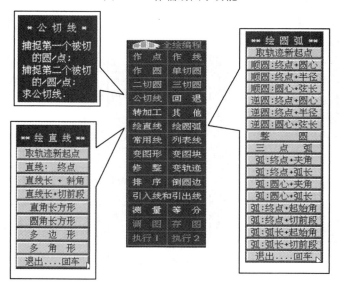

图 4.18　作辅助公切线、绘制加工直线及圆弧子功能

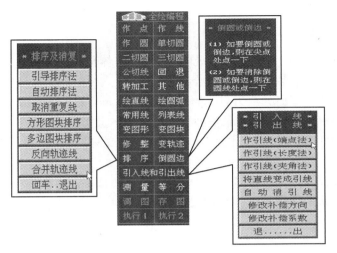

图4.19 倒圆角、排序及引入、引出线子功能

（3）HF全绘编程功能选择框2

屏幕中下部是另一个功能选择对话框,此对话框是单一功能的选择对话框,如图4.20所示。

图4.20 功能选择框2

①取交点:在图形显示区内,定义两条线的相交点。

②取轨迹:在某一曲线上两个点之间选取该曲线的这一部分作为切割的路径;取轨迹时这两个点必须同时出现在绘图区域内。

③消轨迹:上一步的反操作,也就是删除轨迹线。

④消多线:对首尾相接的多条轨迹线的删除。

⑤删辅线:删除辅助的点、线、圆功能。

⑥清屏:对图形显示区域的所有几何元素的清除。

⑦返主:返回主菜单的操作。

⑧显轨迹:在图形显示区域内只显示轨迹线,将辅助自动线隐藏起来。

⑨全显:显示全部几何元素(辅助线、轨迹线)。

⑩显向:预览轨迹线的方向。

⑪移图:移动图形显示区域内的图形。

⑫满屏:将图形自动充满整个屏幕。

⑬缩放:将图形的某一部分进行放大或缩小。

⑭显图:此功能模块由一些子功能所组成,如图4.21所示。此功能框中"显轨迹线""全显""图形移动"与上面介绍的"显轨迹""全显""移图"是相同的功能。"全消辅线"和"全删辅线"有所不同,"全消辅线"功能是将辅助线完全删去,删去后不能通过恢复功能恢复;而"全删辅线"是可通过恢复功能将删去的辅助线恢复到图形显示区域内。

图4.21 显图功能框

4.5.3 HF 系统的全绘编程实例

以如图 4.22 所示的零件图为例,来说明 HF 编控一体化系统的基本应用。

①进入软件系统的主菜单,点击"全绘编程"按钮进入全绘图编程环境。

②作平行于 X 轴且距离分别为 20 mm、80 mm、100 mm 的 3 条辅助平行线和平行于 Y 轴且距离分别为 20 mm、121 mm 的两条辅助平行线。具体操作步骤如下:

a. 点击"功能选择框 1"中的"作线"按钮,再在"定义辅助直线"对话框中点击"平行线"按钮。

b. 此时屏幕"对话提示框"中显示"已知直线 $(x3,y3,x4,y4)\{Ln+- */\}?$",如图 4.23 所示。用鼠标直接选取 X 轴或 Y 轴(也可在此框中输入 $L1$ 或 $L2$ 来选取 X 轴或 Y 轴)。

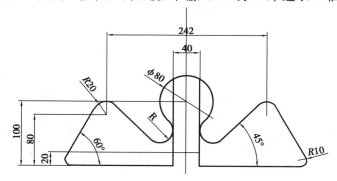

图 4.22 全绘编程实例零件图

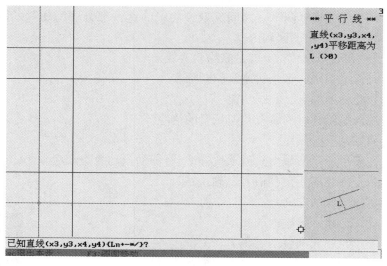

图 4.23 作辅助平行线

c. 选取后"对话提示框"中显示"平移距 $L=\{Vn+- */\}$",输入平行线间的距离值(如 20)后回车;图中"对话提示框"中显示"取平行线所处的一侧",此时用鼠标点一下平行线所处的一侧,这样第一条平行线就形成了。

d. 此时画面回到继续定义平行线的画面,重复步骤 b、c,作其余平行线。

e. 当以上几条线都定义完后,按一下键盘上的"ESC"键退出平行线的定义,画面回到"定义辅助直线"。点击"退出"按钮可退出定义直线功能模块。此时可能有一条直线在"图形显示区"中看不到,可通过"热键提示框"中的"满屏"子功能将它们显示出来,也可通过"显图"功能中的"图形渐缩"子功能来完成。

③作 $\phi80$、$\phi40$ 两个圆和 $45°$、$-60°$ 的两条斜线,并作零件图中标注为 R 的圆。具体操作步骤如下:

a. 确定两个圆的圆心。点击"取交点"按钮,此时画面变为取交点的画面。将鼠标移到平行于 X 轴的第三条线与 Y 轴相交处点一下,这就是 $\phi80$ 的圆心。用同样的方法来确定另一圆的圆心。此时两个圆心处均有一个红点,按 ESC 键退出。

b. 点击"作圆"按钮,进入"定义辅助圆"功能,再点击"心径圆"按钮,进入"心径式"子功能。按照提示选取一圆心点,此时可拖动鼠标来确定一个圆,也可在对话提示框中输入一确定的半径值来确定一个准确的圆。本次分别采用第二种方法,输入"40"后回车,即可画出 $\phi80$ 的圆。用同样的方法绘制 $\phi40$ 圆,然后退回到"全绘式编界面"。

c. 点击"作线"按钮,进入"定义辅助直线"功能,点击"点角线"按钮,进入"点角式"子功能。此时在对话提示框中显示"已知直线 $(x3,y3,x4,y4)\{Ln+-*/\}$?",用鼠标去选择一条水平线,也可在此提示框中输入 $L1$ 表示已知直线为 X 轴所在直线。

d. 对话提示框中显示的是"过点 $(x1,y1)\{Pn+-*/\}$?",此时可输入点的坐标,也可用鼠标去选取图中右边的圆心点;下一个画面的对话提示框中显示的是"角(度) $w=\{Vn+-*/\}$"此时输入一个角度值如 $45°$,回车。屏幕中就产生一条过小圆圆心且与水平线呈 $45°$ 的直线。用同样的方法去定义与 X 轴呈 $-60°$ 的直线,退出"点角式"。

e. 进入定义"平行线"子功能,去定义分别与这两条线平行且距离为 20 的另外两条线。退出"作线"功能;用"取交点"功能来定义这两条线与圆的相切点并退出此功能界面,如图 4.24 所示。

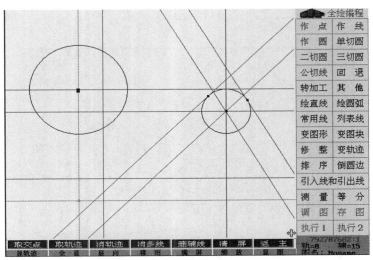

图 4.24　作辅助圆 $\phi80$、$\phi40$

f. 点击"三切圆"按钮后进入"三切圆"功能。按图 4.25 中 3 个椭圆标示的位置分别选取 3 个几何元素,此时"图形显示框"中就有满足与这 3 个几何元素相切的,并且不断闪动的虚线圆出现,通过鼠标来确定符合零件图 4.25 所需的圆。

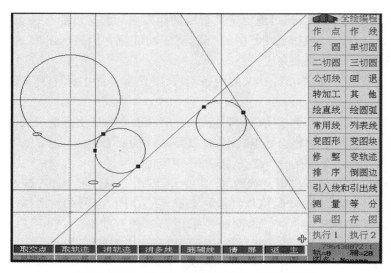

图4.25　作三切圆 R 时需选定的 3 个几何要素

④通过"作线""作圆"功能中的"轴对称"子功能来定义 Y 轴左边的图形部分。

a.点击"作线"按钮,进入"作线"功能;点击"轴对称"按钮,进入"轴对称"子功能。按照"对话提示框"中所提示内容进行操作,将所要对称的直线对称地定义到 Y 轴左边。退回"全绘式编程"界面。

b.点击"作圆"按钮,进入"作圆"功能;点击"轴对称"按钮,进入"轴对称"子功能。按照"对话提示框"中所提示内容进行操作,将所要对称的圆对称地定义到 Y 轴左边。退回"全绘式编程"界面(也可用图块的方法将右边整个图形对称到左边)。

c.再用"取交点"的功能来定义下一步"取轨迹"所需要的点,如图 4.26 所示。此时图中仍有两个 R10 的圆还没有定义,这两个圆将采用"倒圆边"功能来解决。"倒圆边"只对轨迹线起作用。

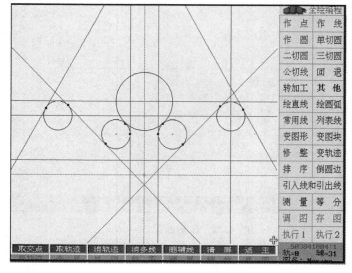

图4.26　轴对称

⑤取轨迹并倒圆边,得到理论轮廓的切割轨迹。

a. 按照图形的轮廓形状,在图中每两个交点间的连线上进行取轨迹操作,得到轨迹线,退出"取轨迹"功能。

b. 点击"倒圆边"按钮,进入"倒圆或倒边"功能,用鼠标点取需要倒圆或倒边的尖点,按提示输入半径或边长的值,就完成了倒圆和倒边的操作,如图4.27所示。退回到"全绘式编程"界面。

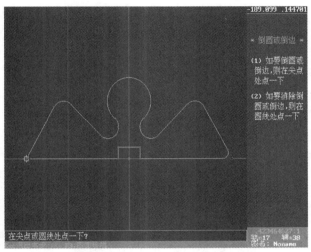

图4.27　取轨迹并倒圆角

c. 图4.27中 Y 轴右边、例图中标注为 R 的圆弧,是由两段圆弧轨迹线组成的。此两段圆弧是同心、同半径的,可通过"排序"中"合并轨迹线"功能将它们合并为一条轨迹线。点击"排序"按钮,进入排序功能,再点击"合并轨迹线"按钮,进入合并轨迹线子功能,此时对话提示框中显示"要合并吗?(y)/(n)",当按一下 Y 键并回车后,系统自己进行合并处理。点击"回车…退出"按钮,回到"全绘式编程"界面。再点击"显向"按钮,这时可看出那两条轨迹线已合并为一条轨迹线,如图4.28所示。

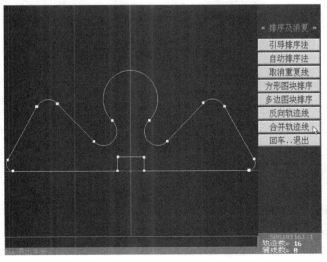

图4.28　圆弧合并

⑥作引入引出线,并确定切割方向。

a. 在"全绘式编程"界面中,点击"引入线引出线"按钮,进入"引入线引出线"功能,如图4.29所示。其中,作引线(端点法)是指用端点来确定引线的位置、方向;作引线(长度法)是指用长度加上系统的判断来确定引线的位置、方向;作引线(夹角法)是指用长度加上与 X 轴的夹角来确定引线的位置、方向;将直线变成引线是指选择某直线轨迹线作为引线;自动消引线是指自动将所设定的一般引线删除;修改补偿方向是指任意修改引线方向;修改补偿系数是指不同的封闭图形需要有不同的补偿值时,可用不同的补偿系数来调整。

b. 点击"作引线(端点法)"按钮,对话提示框中显示"引入线的起点(Ax,Ay)?",此时可直接输入一点的坐标或用鼠标拾取一点,如在图4.30所示中小椭圆处点一下;对话提示框中显示"引入线的终点(Bx,By)?",此时可直接输入点的坐标(0,20)或用鼠标去选取这一点;对话提示框中显示"引线括号内自动进行尖角修圆的半径 sr=?(不修圆回车)",此时输入5作为修圆半径,回车后,对话提示框中显示"指定补偿方向:确定该方向(鼠右键)/另换方向(鼠标左键)",如图4.30所示。图中箭头是希望的方向,点击鼠标右键完成引线的操作(在作引入线时会自动排序)。点击"退…出"按钮,回到"全绘式编程"界面。

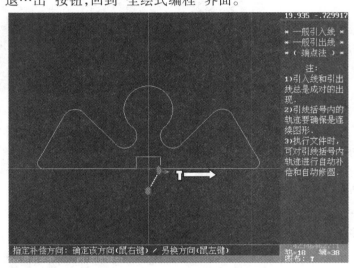

图4.29　引入引出线
　　　功能框

图4.30　引入引出线及切割方向示意

⑦存图操作。

在完成以上操作后,将所做的工作进行保存,以便以后调用。此系统的"存图"功能包括"存轨迹线图""存辅助线图""存DXF文件""存AUTOP文件"子功能。按照这些子功能的提示进行存图操作即可。

⑧执行和后置处理。

A. 执行。

该系统的执行部分有两个,即"执行1"和"执行2"。这两个执行的区别是:"执行1"是对所作的所有轨迹线进行执行和后置处理;而"执行2"只对含有引入线和引出线的轨迹线进行执行和后置处理。本例中,采用任何一种执行处理都可。点击"执行1",屏幕显示为:

（执行全部轨迹）

（ESC：退出本步）

文件名：Noname

间隙补偿值 $f=$（单边，通常 $>=0$，也可 <0）

输入 f 值（$f=$ 钼丝半径+单边放电间隙。如钼丝直径 0.18 mm，单边放电间隙 0.01 mm，则 $f=0.1$ mm），回车确认后，出现的界面如图 4.31 所示。

B．后置处理。

a．点击"后置"按钮进入"后置处理"，此时界面如图 4.32 所示。返回主菜单是指退回到最开始的界面，可转到加工界面；生成平面 G 代码加工单是指生成两轴 G 代码加工程序单，数据文件后缀为 2NC；生成 3B 代码加工单是指生成两轴 3B 代码加工程序单，数据文件后缀为 2NC；切割次数通常为 1 次，如为了提高光洁度可设置多次切割（可参数化设置多次切割的有关数据，多次切割时 f 值与单次切割不同。如钼丝直径 0.18 mm，单边放电间隙 0.01 mm，切割次数为 2～3 次，f 的参考值为 0.085 mm）。

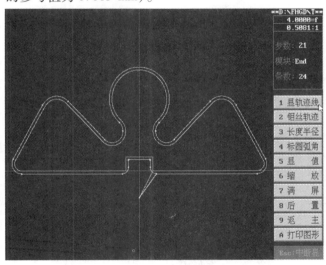

图 4.31　钼丝半径及单边放电间隙补偿

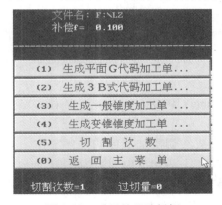

图 4.32　后置处理选择框

b. 点击切割次数按钮，出现如图 4.33 所示选择框，本例选择切割次数为 1 次。

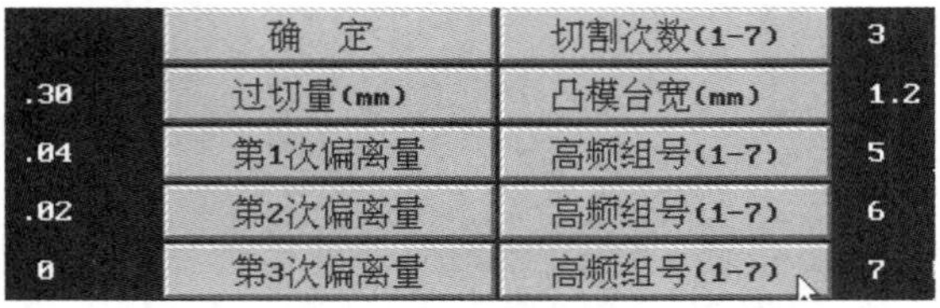

确　定
切割次数(1-7)
3
.30
过切量(mm)
凸模台宽(mm)
1.2
.04
第1次偏离量
高频组号(1-7)
5
.02
第2次偏离量
高频组号(1-7)
6
0
第3次偏离量
高频组号(1-7)
7

图 4.33　切割次数及其相关参数设置

c. 点击“生成平面 G 代码加工单”按钮，然后点击“(1)通用加工单存盘(2NC)”，在弹出的对话框中给程序命名后，点击确定(也可将加工单存储为 3B 代码格式，但是建议存为 G 代码格式，因为 G 代码格式加工精度高)。

本例中，绘图部分所采用的基本步骤为定义辅助线、取交点、取轨迹，并不是所有绘图部分都要采用此步骤，对一些非常直观的图形，如果采用此方法会使编程变得复杂。为解决这一问题，可以使用“绘直线”“绘圆弧”“常用线”等功能。

4.6　工件的线切割加工

4.6.1　案例一　凸模零件线切割的 3B 代码编程及加工

(1)实训要求

编制如图 4.34(a)所示凸模零件的 3B 代码线切割加工程序(图中 A 点为穿丝孔)，并采用 DK7740 完成该零件的电火花线切割加工。

G
F
E
D
R20
40
H
B
C
3
A
80
G'
F'
E'
D'
H'
B'
A'
C'

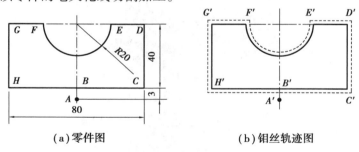

(a)零件图　　(b)钼丝轨迹图

图 4.34　零件图及钼丝轨迹图

(2)实训器材

DK7740 线切割机床、200 mm×100 mm×3 mm 镀锌钢板。

(3)实训操作步骤

①按 4.3.1 的步骤顺序完成线切割加工前的准备工作。工件材料为 3 mm 厚的镀锌钢板，电极丝选用 0.18 mm 的钼丝，其单边放电间隙为 0.01 mm。

②编制零件的 3B 代码程序。

a. 图中 A 点为穿丝孔，加工方向选择沿 $A \to B \to C \to D \to E \to F \to G \to H \to A$ 进行。

b. 实际加工中由于钼丝半径和放电间隙的影响，钼丝中心运行的轨迹形状如图 4.34(b)中虚线所示，即加工轨迹与零件图相差一个补偿量，补偿量的大小为

$$f = \frac{d}{2} + \Delta = \frac{0.18}{2} + 0.01 = 0.1 \text{ mm}$$

c. 在加工中需要注意的是 $E'F'$ 圆弧的编程,圆弧 EF 与圆弧 $E'F'$ 有较多不同点,它们的特点比较见表 4.5。

表 4.5 圆弧 EF 和 $E'F'$ 特点比较表

	起点	起点所在象限	圆弧首先进入象限	圆弧经历象限
圆弧 EF	E	X 轴上	第四象限	第二、三象限
圆弧 $E'F'$	E'	第一象限	第一象限	第一、二、三、四象限

d. 计算并编制圆弧 $E'F'$ 的 3B 代码。在图 4.34(b)中,最难编制的是圆弧 $E'F'$,其具体计算过程如下:

以圆弧 $E'F'$ 的圆心为坐标原点,建立直角坐标系,则 E' 点的坐标为

$$Y_{E'} = 0.1 \text{ mm} \qquad\qquad X_{E'} = \sqrt{(20 - 0.1)^2 - 0.1^2} = 19.900 \text{ mm}$$

根据对称原理可得 F' 的坐标为 $(-19.900, 0.1)$。

根据上述计算可知圆弧 $E'F'$ 的终点坐标的 Y 的绝对值小,计数方向为 Y。

圆弧 $E'F'$ 在第一、二、三、四象限分别向 Y 轴投影得到长度的绝对值分别为 0.1 mm、19.9 mm、19.9 mm、0.1 mm,$J = 40\,000$。

圆弧 $E'F'$ 首先在第一象限顺时针切割,加工指令为 SR1。

由上可知,圆弧 $E'F'$ 的 3B 代码为

B19000 B100 B40000 GY SR1

e. 经过上述分析计算,可得轨迹形状的 3B 程序,见表 4.6。

f. 新建文本文件并将表 4.6 中的程序输入,保存为 "∗.2NC" 格式,如 "punch.2NC"。

表 4.6 零件的 3B 代码编程

A'B'	B	0	B	0	B	2 900	G	Y	L	2
B'C'	B	40 100	B	0	B	40 100	G	X	L	1
C'D'	B	0	B	40 200	B	40 200	G	Y	L	2
D'E'	B	0	B	0	B	20 200	G	X	L	3
E'F'	B	19 900	B	100	B	40 000	G	Y	SR	1
F'G'	B	20 200	B	0	B	20 200	G	X	L	3
G'H'	B	0	B	40 200	B	40 200	G	Y	L	4
H'B'	B	40 100	B	0	B	10 100	G	X	L	1
B'A'	B	0	B	2 900	B	2 900	G	Y	L	4

③在 HF 系统中读入程序并检查。

a. 按 4.3.2 的操作步骤,进入 HF 编控一体化系统,点击界面上方主菜单中的"加工",或者在全绘式编程环境下选择"转向加工"菜单便进入加工界面。

b. 点击屏幕下方的"清屏"按钮,点击屏幕右侧选择框中的"读盘"按钮,在弹出的对话框

中选择上一步编程好的文件"punch. 2NC",点击确定,则零件图会显示在屏幕的图形区。对某一加工文件"读盘"后,只要对参数表里的参数不改变,那么,下次加工时,就不需要第二次"读盘";对 2NC 文件"读盘"时,速度较快,对 3NC、4NC、5NC 文件"读盘"时,时间要稍长一些,读盘时可在屏幕下看到进度指示。

c. 点击屏幕右侧选择框中的"检查"按钮,点击"模拟轨迹"按钮,可以对加工过程进行模拟,确认轨迹无误后,返回加工界面。

④按下控制箱上的绿色按钮,启动机床电源,移动 X、Y 轴坐标确立切割起始位置;开启工作液泵,调节泵嘴流量;点击屏幕右侧选择框中的"加工"按钮,运行加工程序开始加工。

⑤监控运行状态,待切割完成后,仿照 4.3.2 的操作步骤,关停并清理机床。

4.6.2 案例二 凹模零件线切割的 3B 代码编程及加工

①实训要求。

编制如图 4.35 所示的凹模零件的 3B 代码线切割加工程序(图中 O 点为穿丝孔),并采用 DK7740 完成该零件的电火花线切割加工。

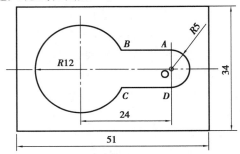

图 4.35 凹模零件图

②实训器材。

DK7740 线切割机床、200 mm×100 mm×3 mm 镀锌钢板。

③仿照 4.4 的步骤,完成该零件的编程与加工。

④钼丝运行轨迹如图 4.36 所示。

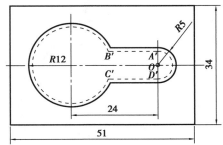

图 4.36 凹模零件加工时,钼丝轨迹

⑤3B 代码程序见表 4.7。

表 4.7 零件的 3B 代码编程

OA′	B	0	B	0	B	4 900	G	Y	L	2
A′B′	B	0	B	0	B	13 156	G	X	L	3

B'C'	B	10 844	B	4 900	B	37 800	G	Y	NR	1
C'D'	B	0	B	0	B	13 156	G	X	L	1
D'A'	B	0	B	4 900	B	9 800	G	X	NR	4
A'O	B	0	B	0	B	4 900	G	Y	L	4

4.6.3　案例三　凸模零件的编程及加工

（1）实训要求

利用 HF 编控一体化系统，绘制如图 4.37 所示的凸模零件图，生成该零件的加工程序代码，并采用 DK7740 完成该零件的电火花线切割加工。

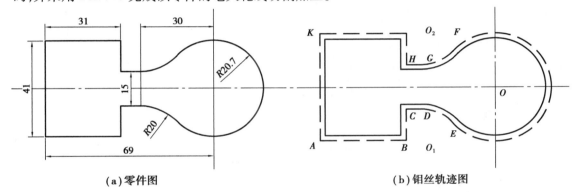

（a）零件图　　　　　　　　　　　**（b）钼丝轨迹图**

图 4.37　凸模零件图及钼丝轨迹图

（2）实训器材

DK7740 线切割机床、200 mm×100 mm×10 mm 镀锌钢板。

（3）实训操作步骤

①按 4.3.1 的步骤顺序完成线切割加工前的准备工作。工件材料为 10 mm 厚的镀锌钢板，电极丝选用 0.18 mm 的钼丝，其单边放电间隙为 0.01 mm。

②编制零件的 3B 代码程序。

a. 图 4.37 中 A 点为穿丝孔，加工方向选择沿 $B→C→D→E→F→G→H→I→K→A→B$ 进行。

b. 实际加工中由于钼丝半径和放电间隙的影响，钼丝中心运行的轨迹形状如图 4.37（b）中虚线所示，即加工轨迹与零件图相差一个补偿量，补偿量的大小为

$$f = \frac{d}{2} + \Delta = \frac{0.18}{2} + 0.01 = 0.1 \text{ mm}$$

c. 工艺分析。该凸模图示尺寸为平均尺寸，向外作相应偏移就可以按照此尺寸编程。整个图形上下对称，用于加工模具的毛坯原材料 6 个侧面已磨平，可作定位基准进行切割加工。

d. 计算各点坐标值。依次计算钼丝轨迹中各点坐标，见表 4.8。

表 4.8　钼丝轨迹各点坐标值

交点	X	Y	交点	X	Y	圆心	X	Y
A	−69.1	−20.6	F	−15.33	14.05	O	0	0
B	−37.9	−20.6	G	−30	7.6	O_1	−30	−27.5
C	−37.9	−7.6	H	−37.9	7.6	O_2	−30	27.5
D	−30	−7.6	I	−37.9	20.6			
E	−15.33	−14.05	K	−69.1	20.6			

　　e. 编写 3B 代码程序,见表 4.9。程序设计完成后,新建文本文件并将表 4.6 中的程序输入,保存为 ∗.2NC 格式,如"punch.2NC"。

表 4.9　凸模 3B 代码切割程序

BC	B	0	B	0	B	13 000	G	Y	L	2
CD	B	0	B	0	B	7 900	G	X	L	1
DE	B	0	B	19 900	B	6 450	G	Y	SR	1
EF	B	15 330	B	14 050	B	55 100	G	Y	NR	3
FG	B	14 668	B	13 446	B	14 668	G	X	SR	4
GH	B	0	B	0	B	7 900	G	X	L	3
HI	B	0	B	0	B	13 000	G	Y	L	2
IK	B	0	B	0	B	31 200	G	X	L	3
KA	B	0	B	0	B	41 200	G	Y	L	4
AB	B	0	B	0	B	31 200	G	Y	L	4

　　③在 HF 系统中读入程序并检查。

　　a. 按 4.3.2 的操作步骤,进入 HF 编控一体化系统,点击界面上方主菜单中的"加工",或者在全绘式编程环境下选择"转向加工"菜单便进入加工界面。

　　b. 点击屏幕下方的"清屏"按钮,点击屏幕右侧选择框中的"读盘"按钮,在弹出的对话框中选择上一步编程好的文件"punch.2NC",点击"确定",则零件图会显示在屏幕的图形区。对某一加工文件"读盘"后,只要对参数表里的参数不改变,那么,下次加工时,就不需要第二次"读盘";对 2NC 文件"读盘"时,速度较快,对 3NC、4NC、5NC 文件"读盘"时,时间要稍长一些,读盘时可在屏幕下看到进度指示。

　　c. 单击屏幕右侧选择框中的"检查"按钮,点击"模拟轨迹"按钮,可以对加工过程进行模拟,确认轨迹无误后,返回加工界面。

　　④按下控制箱上的绿色按钮,启动机床电源,移动 X、Y 轴坐标确立切割起始位置;开启工作液泵,调节泵嘴流量;点击屏幕右侧选择框中的"加工"按钮,运行加工程序开始加工。

　　⑤监控运行状态,待切割完成后,整理机床。

4.6.4　案例四　防松垫圈零件的 HF 全绘编程及加工

①实训要求:利用 HF 编控一体化系统,绘制如图 4.38 所示的防松垫圈零件,生成该零件的 G 代码线切割加工程序,并采用 DK7740 完成该零件的电火花线切割加工。

②实训器材:DK7740 线切割机床、200 mm×100 mm× 3 mm 镀锌钢板。

③仿照 4.5.3 的全绘编程步骤及 4.4 的加工步骤,完成该零件的编程与加工。

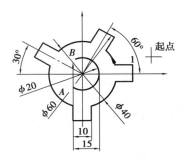

图 4.38　防松零件图

4.6.5　案例五　工艺品零件的线切割加工

(1)实训要求

任选如图 4.39 所示的工艺品(或自行设计其他零件)1 件,利用 AutoCAD 完成该图的绘制;利用 HF 系统的调图功能,生成该零件的 G 代码线切割加工程序,并采用 DK7740 完成该零件的电火花线切割加工。

图 4.39　工艺品零件示例

(2)实训器材

DK7740 线切割机床、200 mm×100 mm×3 mm 镀锌钢板。

(3)实训操作步骤

①利用 AutoCAD 完成所选工艺品零件图的绘制(为了便于加工,限制零件的长、宽均小于 80 mm),并另存为 AutoCAD 2004 版本下的 dxf 格式的文件(即文件名为 *.dxf)。

②进入 HF 全绘编程界面,清屏后,单击右侧选择框 1 中的"调图"按钮,在弹出的对话框中选择要加工的工艺品文件 *.dxf,点击"确认"。

③参考 4.5.3 完成工艺品零件的自动编程,参考 4.4 完成零件的加工。

第 **5** 章
多轴加工机床实训

5.1 认识多轴加工机床结构和控制面板

1)EMCO Hyperturn 665 9 轴车铣复合

(1)机床整体结构图及其简介

Hyperturn 665 产自奥地利的 EMCO 公司,是一种顶级数控加工中心,是一台可以同时进行镗、铣、车、钻等加工的复合数控加工中心,如图 5.1 所示,在保证提高加工精度要求的前提下,不需要重新装夹,大大减少了加工时间,提高了生产效率。车铣复合加工中心的控制方式采用全闭环控制系统,带有副主轴,工件可以自动交换到副主轴上,控制轴可达 9 轴、4 轴联动,以多轴联动方式,在任意空间角度上同时进行平面、空间曲面、孔、齿廓等加工。适用于汽车、航空、模具制造等领域,进行高精度、形状复杂零件的生产加工。

图 5.1 Hyperturn 665

(2)机床各个轴的分布及其参数指标

机床各个轴的分布及其参数指标如图 5.2 所示。

进给轴:含 X、Y、Z、B、C 五个轴,另有主轴、副主轴各 1 个。主轴最大转速 5 000 r/min,副主轴最大转速 7 000 r/min,直线轴定位精度 0.006 mm,重复定位精度 0.003 mm,C 轴分辨 0.001°,制动力矩标定(5°)/定位(0.001°)为 3 600/1 300 Nm,确保了机床在高精度加工下有足够的力矩和稳定性。

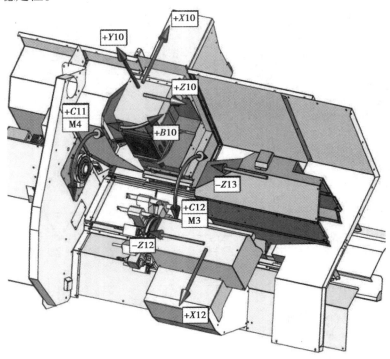

图 5.2　机床各个轴的分布及其参数指标

(3)机床控制面板

机床控制面板如图 5.3 和图 5.4 所示。

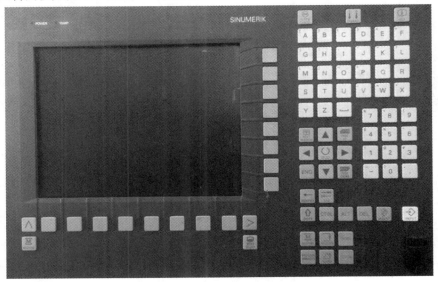

图 5.3　机床控制面板

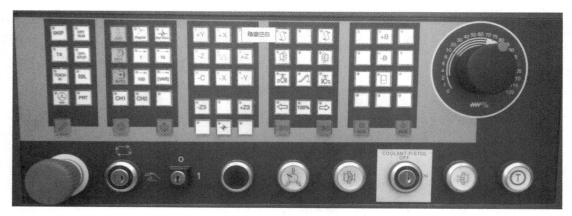

图 5.4　操作按钮区

（4）操作键的描述

机床面板各操作键的描述见表 5.1。

表 5.1　机床面板各操作键的描述

软键	功能描述
SKIP	跳越键：在 SKIP 操作下，程序段号码前边有"/"字符的程序段均跳过不执行（如/ N100）
DRY RUN	空转键：在 DRYRUN 操作方式下，行程进给将按已设定的进给速度"空转进行"，不执行辅助功能
1 x	单件加工模式键：按此键可选择单件生产模式，装上自动上料装置后可选择连续加工。开机状态下即为单件模式。按键上的指示灯亮，单件加工有效
OPT. STOP	按下此键，程序运行到含有 M01 指令时，程序停止，此时屏幕显示"Halt：M00/ M01"，按"NC START"键可继续程序运行。未激活此键时，程序段中的 M01 指令会被忽略
⫽	复位键：有以下情况时使用复位键： ①停止当前正在运行的程序； ②清除报警或信息（除了 POWER ON 信息或 RECALL 报警），按下复位键后，通道被设为初始状态，意味着： a.数控系统与机床状态同步； b.所有工作内存均被清空（工件程序尚在）； c.控制系统处于基本设置状态下，等待程序运行
PRT	程序测试键：进行程序模拟以检验程序中是否有错误，程序运行时，各轴向不动作。该键用于检验程序错误
⬟	程序停止键：按此键后，正在运行的程序停止，再按程序启动键，程序接着运行

续表

软键	功能描述
	程序启动键:按此键后,机床从当前程序段开始运行
	通道选择键:用此键可在通道 1 和通道 2 之间进行选择
SBL	单程序段运行键:用于一个程序段一个程序段地运行工件程序。该功能在自动模式下使用。激活该键后,屏幕上显示 SBL1 或 SBL2,并显示"Halt:single block mode"信息。按下 NC START 键后,程序中的当前程序段将被执行,每执行完一个程序段后停止,再按 NC START 键继续执行。再按一次该键取消功能。 SBL1:机床在每个有启动机床功能指令的程序段之后停下(在计算类的程序段后不停)。 SBL2:机床在每个程序段之后停下,即程序段一个一个地解码,然后在每个程序段后停下。例外的是,在不是空运转的车(铣)螺纹程序段中,机床在螺纹完成后停下。SBL2 只能在复位(RESET)状态下选择。 使用者在自动模式或 MDA 模式下用软键"PROGRAM INFLUENCE"可选择 SBL1 或 SBL2
	参考点键:按此键各轴均回参考点
	方向键:在 JOG 模式下使用这些键进行各数控轴的运动,Z3 轴仅用于带副主轴的基础(配一个刀塔的机床)
	方向键:在 JOG 模式下使用这些键进行各数控轴的运动。 通道 1:上刀塔在 X 或 Z 方向移动; 通道 2:下刀塔在 X 或 Z 方向移动。 Z3 轴仅用于带副主轴的基础(配两个刀塔的机床)
	快速行程键:此键与方向键同时按,相应的轴即快速行程
	进行停止键:在自动模式下,该键可停止滑鞍的运动(不能用于攻丝)
	进给开始键:用该键可继续中断滑鞍的运动。如主轴运转也被中止,应先恢复主轴运转再恢复进给

续表

软键	功能描述
	主轴速度倍率:当前主轴速度 S 以数值及速率百分比两种形式显示在屏幕上,也用于副主轴和动力刀架的速率。 设定范围:已编程主轴速度的 50% ~ 120%。 变化单位:每按一次键变化 5%。 如果需要使用 100% 主轴速度,按 100%
	主轴停止键:按该键停止主轴、副主轴以及动力刀具的转动。停止主轴之前必须先停止滑鞍的动作
	主轴启动键:按该键恢复主轴、副主轴以及动力刀具的转动。 编程:见本章中"M 功能"。 回转方向:见本章"轴向定义"
	左侧卡盘(弹簧夹头)键:该键激活左侧卡盘(弹簧夹头)。在卡盘/弹簧夹头之间转换见"机床配置"。 在程序中设定:M25-打开左侧卡盘;M26-关闭左侧卡盘
	右侧卡盘(选项):该键激活右侧卡盘(副主轴)。在卡盘/弹簧夹头之间转换见"机床配置"。 在程序中设定: 通道 1:M2=25-打开右侧卡盘;M2=26-关闭右侧卡盘。 通道 2:M25-打开右侧卡盘;M26-关闭右侧卡盘
	冷却液:该键打开或关闭冷却液装置,用于打开或关闭程序中最后一个以 M07 或 M08 激活的冷却装置。 M7:高压冷却装置。 M8:标准冷却装置。 M9:冷却液关闭。 冷却液键上的亮灯显示当前的冷却液状态
	排屑器键(选项):轻按此键,排屑器前进;长时间按此键,排屑器后退。出厂时设定排屑器 35 s 后关闭
	刀塔键:在 JOG 操作模式下,按此键上刀塔或下刀塔转动一个刀位
	辅助设备关闭键:该键关闭机床辅助设备,仅当主轴和程序停止时有效
	辅助设备开启键:该键用于开启机床辅助设备进入待机状态(液压系统、进给电机、主轴驱动、润滑、排屑器、冷却装置)。 该键轻按时用于手动激活一个润滑脉冲,长时间按(至少 1 s)用于辅助设备开启

软键	功能描述
	进给速率转钮:转钮上有 23 个挡位,用于选择进给速率,选择的转速率 F 显示在屏幕上。 设定范围:0% ~ 120% 程序进给,快速进给时速率不能超过 100%
	急停开关:这个红色按钮只能在紧急情况下能按,按下后会使所有的驱动装置以最小的减速停下来。转动该按钮可以解锁。解除急停状态后按 RESET 键,AUX ON 键打开再关闭滑动门
	钥匙开关的特殊应用:钥匙开关可以设到 AUTOMATIC(自动)或者 SETUP(手动)位置,与确认键联用可以激活一些相对危险的操作,如打开滑动门或当主轴转动角度加工时打开防屑门。 注意: 激活特殊应用会增加出现意外的危险。钥匙智能交给指导如何处理危险情况的专业人员使用。在手动操作期间要确保主轴防屑门和滑动门关闭。特殊应用结束后一定要取下钥匙
	钥匙开关数据保护: 0 位:工件程序锁定,不允许输入;可以进行刀具磨损补偿。 1 位:可以进行工件程序输入;可以进行零点补偿输入,刀具形状输入以及设定参数;与单件模式(1×)键联用可以锁住卡盘的接近开关(用于未装夹工件时的助能测试)
	辅助 NC 启动键:功能与 NC 启动键一样(双重配置,方便操作)
	辅助左侧卡盘夹紧键
	辅助右侧卡盘夹紧键:辅助键与机床控制面板上的功能键一样,双重配置,方便操作
	关门键:有自动门的机床按此键可关闭自动门
	确认键:当钥匙开关在 SETUP 手动位置时按下此键,可以在滑动门开启的情况下使用方向键进行轴向移动以及刀塔移动

续表

软键	功能描述
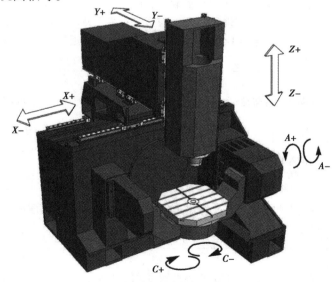	铣头刀具夹紧键:该键用于将上部铣头内的刀具手动夹紧。再次按该键,刀具松开。该键仅在机床门打开时生效。 注意:⚠ 刀具上应加保护套以防损伤;按该键卸刀之前应先用手握住刀,以防止刀具突然掉落

2)EMCO LINEARMILL-600HD 五轴联动加工中心

（1）机床整体结构图及其简介

LINEARMILL-600HD 产自奥地利的 EMCO 公司,是一台立式五轴联动加工中心,它有高效率、高精度的特点,工件一次装夹就可完成五面体的加工,如图 5.5 所示。LINEARMILL-600HD 配备有高档的 SINUMERIK840D Powerline 数控系统,XYZ 轴均是直线电机驱动,移动速度可达 60 m/min,可对零件实现高速高精度的加工;刀具库配备 40 把刀具位,主轴转速可达 20 000 r/min;位置编码器采用海德汉光栅尺,最小分辨率为 0.001 mm;除 XYZ 三个直线线轴以外,还有两个旋转轴,A 轴和 C 轴,A 轴可以绕 X 轴回转,工作范围+120°至−120°,C 轴可以绕 Z 轴回转,是 360°回转,A 轴和 C 轴最小分度值为 0.001°,定位精度:+/−5″与 XYZ 三直线轴实现联动,可加工出复杂的空间曲面,如叶轮、叶片、船用螺旋桨、重型发电机转子、汽轮机转子、大型柴油机曲轴等。

图 5.5　LINEARMILL-600HD 机床整体结构

（2）机床控制面板

机床控制面板如图 5.6 和图 5.7 所示。

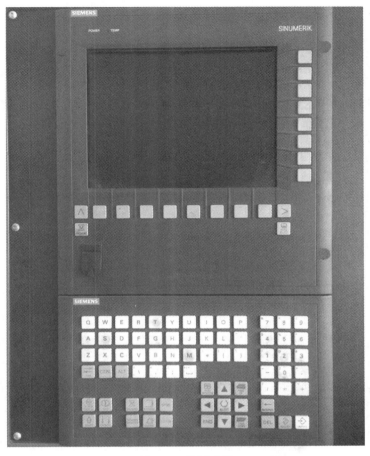

图 5.6　控制面板

图 5.7　操作按钮区

5.2 机床的操作

5.2.1 实训操作 1：EMCO Hyperturn 665 9 轴车铣复合中心的启动、关停与基本操作

1）机床的开启

①机床启动前的准备工作：

a. 打开空气压缩机和干燥机装置。

b. 开启与机床相连接的计算机。

②待空气压缩机供气大约 5 min 后，打开电控柜上的主开关"MAIN SWITCH HAUPTSCHALTER"

（电控柜风扇开始运转）。

③待机床系统正式开启，显示主界面之后：

a. 松开"急停"按钮 。

b. 按住"舱门开启"按钮 ，将机床门打开再关闭以检查门上的安全开关功能。

c. 按"复位"按钮 ，再点击机床显示器操作面板的"诊断"按钮，查看是否有报警信息（如果有报警，先要排除故障，消除报警信息，才能继续下一步的操作）。

d. 长按"AUX ON"键 （至少 1 s），辅助驱动使能开启，机床通电工作。

e. 选择回零模式 ，然后按参考点键 ，各轴一个一个回参考点。

f. 回到参考点以后，按下"JOG"键 切换到手动模式，将上刀塔移动到适当位置，再

按"MDA" ，在 MDA 模式下输入：

S1＝3000M1＝03　　　（正主轴正转 3 000 r/min）
S2＝3000M3＝03　　　（副主轴正转 3 000 r/min）
S3＝3000M3＝03　　　（上刀塔动力刀具正转 3 000 r/min）

然后按"循环启动"按钮 ，主轴、副主轴及上刀塔动力刀具开始运转，给机床预热。大约运行 10 min 后，按"复位"按钮，停止运行。

2）机床的关闭

将各轴移动到适当位置，按"AUX OFF"键 ，机床辅助驱动使能关闭，再按下"急停"按钮，最后关闭机床的主开关。

3）机床的基本操作

（1）刀具库管理

①刀具补偿：配有两个刀塔的机床使用两个通道运行。这意味着每个刀塔在每个通道中都有自己的设定，它们在尺寸上、刀位布置上都完全一样。在设置刀具及进行刀具补偿时一定要注意选择正确的通道。为了计算刀补参数，事先要在编程中选择加工平面，见表 5.2。

注意：G41、G42 运行中，不能变更加工平面。

表 5.2　加工平面选择

	指令	加工面	进给轴	加工方式
	G17	X/Y	Z	端面方向加工
	G18	Z/X	Y	车削
	G19	Y/Z	X	径向加工

②刀具类型和刀具参数见表 5.3。

表 5.3　刀具类型一览表

刀具类型 5XY（车刀）		刀具类型 1XY（铣刀）	
500	粗车刀	100	CLDATA 铣刀片
510	精车刀	110	球头铣刀
520	特殊车刀	120	不带圆角的端面铣刀
530	切断刀	121	带圆角的端面铣刀
540	螺纹刀	130	不带圆角的铣刀片
		131	带圆角的铣刀片
		140	普通铣刀片
		145	螺纹铣刀片
		150	侧铣刀片
		155	截面锥体铣刀片

③刀具参数。

a.举例:车刀刀具参数如图5.8所示。

● 车刀刀具参数(5XY)

N:刀具参考点;$L1$:刀长1;$L2$:刀长2;S:刀刃中心;P:刀具鼻端;R:刀具切削半径;刀刃参数$DP2$指的是刀刃的定位;$L1$ 和 $L2$ 参数指的是 1~8 号刀刃的 P 点,9 号指的是 S 点($S=P$)。

● 输入刀具参数

DP1:5XY;DP2:1~9;DP3:L1 刀长;DP4:L1 刀长;DP6:刀刃半径 R。

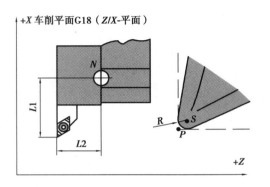
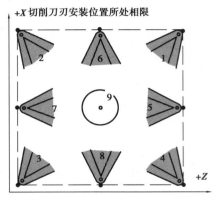

图5.8　车刀参数

$L1$ 和 $L2$ 在不同平面中指定,见表5.4。

表5.4　L1 和 L2 在不同平面中指定

平面	指定
G17	长度 $L1$ 在 Y 向
	长度 $L2$ 在 X 向
G18	长度 $L1$ 在 X 向
	长度 $L2$ 在 Z 向
G19	长度 $L1$ 在 Z 向
	长度 $L2$ 在 Y 向

铣刀参数如图5.9所示。

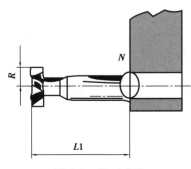

图5.9　铣刀参数

218

● 铣刀刀具参数(1XY)

N:刀具参考点;L1:刀长 1;R:铣刀半径。

● 输入刀具参数

DP1:1XY;DP3:刀长 1;DP6:铣刀半径。

L1 在不同平面的反映见表5.5。

表5.5　L1 在不同平面的反映

平面	反映	
G17	长度 L1 在 Z 向	
	长度 L2 在 Y 向	
	长度 L3 在 X 向	
	半径 R 在 X/Y 平面	
G18	长度 L1 在 Y 向	
	长度 L2 在 X 向	
	长度 L3 在 Z 向	
	半径 R 在 Z/X 平面	
G19	长度 L1 在 X 向	
	长度 L2 在 Z 向	
	长度 L3 在 Y 向	
	半径 R 在 Y/Z 平面	

b.刀具建立。对标准的钻孔和攻丝加工,应在标准坐标系中选择"500"刀具类型,也就是说,只需要输入两个刀长参数,加工平面始终是 G18,在进行径向和轴向加工时也不需要更改。

车削/钻孔/攻丝(G18):刀具类型 500,L1 = X,L2 = Z;

进行端面铣削时(TRANSMIT),加工平面变为 G17,应选择刀具类型"120";

TRANSMIT(G17):刀具类型 120,L1 = Z,L3 = X,(L2 = Y);

进行平面铣削时(TRACYL),更换到 G19 平面,选择"120";

刀具类型:TRACYL,刀具类型 120,L1 = X,L2 = Z,(L3 = Y)。

c.刀尖位置。刀尖位置必须正确地输入,在不同程序中,G41 和 G42 会自动选择已输入的刀尖位置进行刀具半径补偿。对于下刀塔上的刀尖位置,它和上刀塔布置是对称的,如图 5.10 所示。

④建立刀具。

选择"参数"→"刀具管理"→"刀具表"→"新刀具",参数设置如图 5.11 所示。

按照图 5.11 所示设置好各项参数后按"确认",再按"装载"键,将其加载到刀具库列表中。

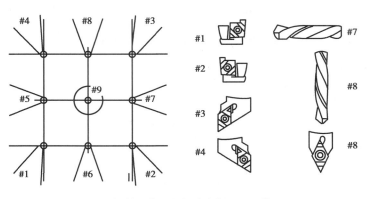

（a）刀具切削刃位置的相关举例：上刀塔

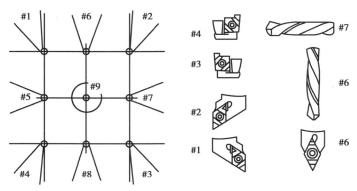

（b）刀具切削刃位置的相关举例：下刀塔

图 5.10　刀具切削刃位置塔

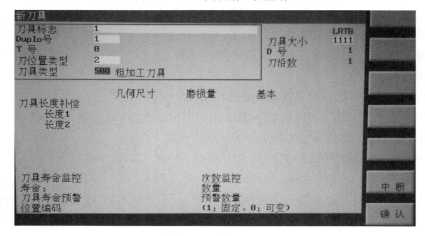

图 5.11　建立刀具

（2）卡盘的使用

本机床所配备的都是液压卡盘，使用时只需要按下"合/开"按钮，以正主轴的卡盘为例，按一下卡盘"合/开"按钮 ，卡盘打开，再按一次卡盘合紧。

（3）对刀

以下刀塔为例（上刀塔的对刀方式与此类似），用试切对刀的方法，将工件坐标系零点设置在右端面的中心处,如图 5.12 所示;然后将此处的机械坐标 X、Z 值(图 5.13)输入 G54 偏置中去,如图 5.14 所示。

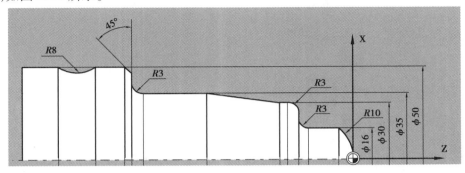

图 5.12　工件坐标系

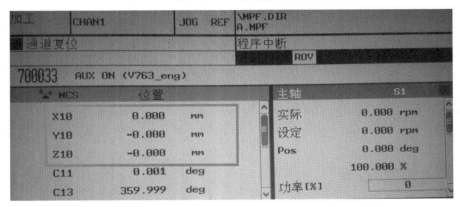

图 5.13　机械坐标 X、Z 值

可设置零点偏置					轴　—
	轴	X	Y	Z	
G54	粗略	0.000	0.000	0.000	
	精细	0.000	0.000	0.000	
G55	粗略	0.000	0.000	835.000	旋转/ 比例/镜象
	精细	0.000	0.000	0.000	
G56	粗略	0.000	0.000	320.000	零点偏置 基准
	精细	0.000	0.000	0.000	
G57	粗略	150.000	0.000	200.000	
	精细	0.000	0.000	0.000	可设置 零点偏置

图 5.14　工件坐标系设置

5.2.2　实训操作 2:EMCO LINEARMILL-600HD 的启动、关停与基本操作

1)机床的开启

①机床启动前的准备工作:

a. 打开空气压缩机和干燥机装置。

b. 打开与机床连接的计算机。

②待空气压缩机供气大约 5 min 后,打开电控柜上的主开关 (电控柜风扇开始运转)。

③待机床系统正式开启,显示主界面之后:

a.松开"急停"按钮 。

b.按住"舱门开启"按钮 ,将机床门打开再关闭以检查门上的安全开关功能。

c.按"AUX ON"键 ,辅助驱动使能开启,机床通电工作。

d.按"复位"按钮 ,再点击机床显示器操作面板的"诊断"按钮,查看是否有报警信息(如果有报警,要先排除故障,消除报警信息,才能继续下一步的操作)。

进行主轴预热:切换到 MDA 模式下,输入指令 M234、M30,然后按"循环启动"按钮 ,主轴开始运转,给机床预热;运行 8 ~ 15 min 后,自动停止运行,完成主轴预热。

e.按下"JOG"键 切换到手动模式,手工移动 XYZ 三个轴,看是否能够正常运动。

2)机床的关闭

将 XY 轴移动到中间适当位置,Z 轴移动到机械坐标 650 ~ 670,再按下"急停"按钮,最后将机床的主开关关闭。

3)机床的基本操作

(1)刀具库管理

①建立刀具。选择"Parameter"→"Tool list"→"New tool"→"Milling tool",参数设置如图 5.15 所示。

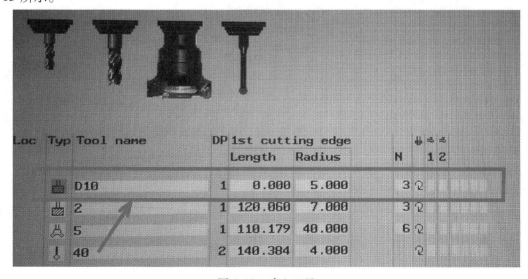

图 5.15　建立刀具

②加载刀具。设置好各项参数后,然后按"Load"→"Spindle"→"OK"键,将其加载到主轴,如图 5.16 所示。

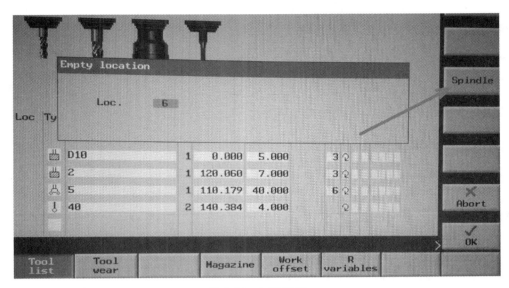

图 5.16　加载刀具

（2）对刀

采用试切对刀的方法，将工件坐标系零点设置在工件上表面的中心处，然后将此处的机械坐标 X、Y、Z 值（图 5.17）输入到 G54 偏置中去，如图 5.18 所示。

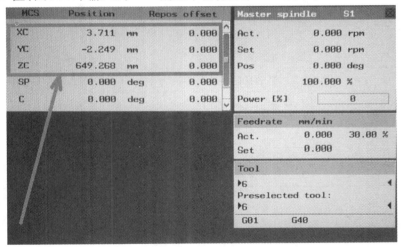

图 5.17　对刀 1

Settable work offset		X	Y	Z
	Axis	X	Y	Z
G54	Coarse	3.711	-2.249	649.268
	Fine	0.000	0.000	0.000
G55	Coarse	0.000	0.000	0.000
	Fine	0.000	0.000	0.000
G56	Coarse	0.000	0.000	0.000
	Fine	0.000	0.000	0.000

图 5.18　对刀 2

5.3 机床常用指令介绍

5.3.1 EMCO Hyperturn 665 常用指令

（1）M 功能（通道 1）（表 5.6）

表 5.6 M 功能（通道 1）

指令	功能
M1＝3 S1＝…	主轴顺时针方向旋转
M1＝4 S1＝…	主轴逆时针方向旋转
M2＝3 S2＝…	副轴顺时针方向旋转
M2＝4 S2＝…	副轴逆时针方向旋转
M3＝3 S3＝…	上刀塔动力刀具顺时针方向旋转
M3＝4 S3＝…	上刀塔动力刀具逆时针方向旋转
M4＝3 S4＝…	下刀塔动力刀具顺时针方向旋转
M4＝4 S4＝…	下刀塔动力刀具逆时针方向旋转
M6	换刀（上刀塔刀具库）
M8	标准冷却液开
M1＝8	激活铣削主轴外冷
M2＝8	激活铣削主轴内冷
M9	冷却液关
M70	C 轴启动
M71	1 号冲刷打开（主轴）

（2）G 代码（表 5.7）

表 5.7 G 代码

G0	快速定位
G1	直线插补
G2	顺时针圆弧插补
G3	逆时针圆弧插补
G53	取消零点偏置
G54	1#工件坐标系
G17	选择 X、Y 平面，Z 轴进给
G18	选择 Z、X 平面，Y 轴进给

续表

G0	快速定位
G19	选择 Y、Z 平面,X 轴进给
G40	取消刀具半径补偿
G41	选择左侧刀具半径补偿
G42	选择右侧刀具半径补偿
G64	持续路径控制开启
G90	绝对数值输入
G94	公制 mm/min 进给
G95	公制 mm/r 进给

（3）其他特殊功能指令（表5.8）

表 5.8　其他特殊功能指令

指令	功能
SETMS(n)	选择一个主轴作为运转主轴(所有相关编程指令都跟随这个主轴)
LIMS	最大转速限定｛LIMS=1 500｝
SPOS[n]=0	主轴定位在 0° 位置(开启 C 轴分度加工时必须回参考点)
TMCON	在正主轴上端面铣削功能开启
TMC2ON	在副主轴上端面铣削功能开启
TMCOFF	端面铣削功能关闭
DIAMON	直径编程开启
DIAMOF	直径编程关闭
FFWON	预控制开启
FFWOF	预控制关闭
START(1)	启动通道 1 的程序
START(2)	启动通道 2 的程序
AC	绝对坐标编程｛X=AC(0)｝
IC	增量坐标编程｛X=IC(5)｝
AC	极坐标角度｛AP=120｝
RP	极坐标半径｛RP=30｝

5.3.2　EMCO LINEARMILL-600HD 常用指令

（1）M 功能（表 5.9）

表 5.9　M 功能

指令	功能
M03	主轴顺时针方向旋转
M04	主轴逆时针方向旋转
M05	主轴停止
M06	换刀
M08	冷却液开
M09	冷却液关
M10	锁紧第四轴
M11	松开第四轴
M17	子程序结束
M30	程序结束
M80	锁紧第五轴
M81	松开第五轴
M234	主轴预热

（2）G 代码（表 5.10）

表 5.10　G 代码

G0	快速定位
G1	直线插补
G2	顺时针圆弧插补
G3	逆时针圆弧插补
G53	取消零点偏置
G54	1#工件坐标系
G17	选择 X、Y 平面，Z 轴进给
G18	选择 Z、X 平面，Y 轴进给
G19	选择 Y、Z 平面，X 轴进给
G40	取消刀具半径补偿
G41	选择左侧刀具半径补偿
G42	选择右侧刀具半径补偿
G64	持续路径控制开启
G90	绝对数值输入
G94	公制 mm/min 进给
G95	公制 mm/r 进给

（3）其他特殊功能指令（表 5.11）

表 5.11　其他特殊功能指令

指令	功能
TRAORI	刀尖跟随开启
TRAFOOF	刀尖跟随关闭
FGROUP	匀速进给控制
COMPCAD	压缩器功能
G642	连续路径方式
FFWON	进给前馈控制功能
SOFT	突变限制功能

5.4　多轴加工典型案例

5.4.1　轴的车削加工

采用机床的下刀塔，进行车削加工，如图 5.19 所示。

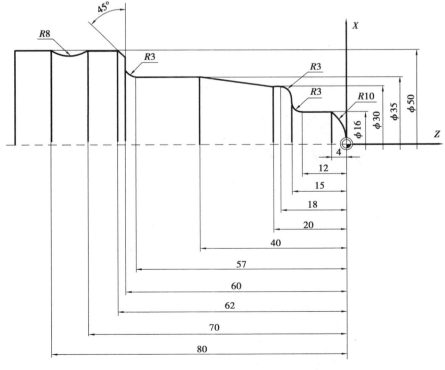

图 5.19　工件图

（1）零件的三维建模

用 UG NX10.0 软件对零件进行三维造型，如图 5.20 所示。

图 5.20　用 UG NX10.0 软件对零件进行三维造型

（2）加工工艺分析

①选用直径为 52～140 mm 的铝合金毛坯，用三爪自定心液压卡盘夹住工件左端，伸出长度 100 mm。

②刀具选用 35°右偏菱形机夹外圆刀。

③加工方法采用先粗加工，再精加工两步工序。

④将工件的坐标原点设置在右端面的中心处。

（3）编写程序

通过 UG 软件编程得到的粗加工刀路如图 5.21 所示，参数设置：主轴转速 1 500 r/min，进给 0.2 mm/r，背吃刀量 0.5 mm。

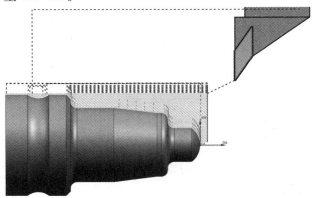

图 5.21　通过 UG 软件编程得到的粗加工刀路

精加工刀路如图 5.22 所示。

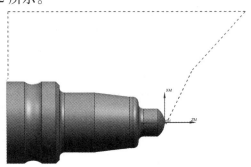

图 5.22　精加工刀路

精加工参数设置:主轴转速 2 000 r/min,进给 0.08 mm/r,背吃刀量 0.1 mm。

粗加工加工程序分析:

N1 G53 G0 D0 B-90 Z3＝975 　　　　　//取消零点偏置,B 轴和副主轴回安全点

N2 G40 G18 G90 　　　　　　　　　//取消刀具半径补偿,选择 G18 加工平面

N3 DIAMON 　　　　　　　　　　　//直径编程开启

N4 SETMS(1) 　　　　　　　　　　//选择 1 号主轴

N5 M1＝71 　　　　　　　　　　　//打开加工区冲刷阀门(冷却液)

N6 G54 　　　　　　　　　　　　　//选择零点偏置

N7 G95 S1500 M03 　　　　　　　　//恒定速度,主轴正转 1 500 r/min

N8 G00 X61.136 Z15.781 　　　　　//快速定位到工件附件,准备加工

N9 X49. Z3.4

N10 G01 Z3. F0.3 　　　　　　　　//开始加工,进给 0.3 mm/r

……

……

N382 G01 X46.566 Z-77.707

N383 G00 X100 　　　　　　　　　//加工完毕,X 方向退刀

N384 Z200 　　　　　　　　　　　//Z 方向退刀

N385 DIAMOF 　　　　　　　　　　//直径编程关闭

N386 M05 　　　　　　　　　　　//主轴停止

N387 M72 　　　　　　　　　　　//关闭加工区冲刷阀门

N388 M30 　　　　　　　　　　　//程序结束

精加工程序:

N1 G53 G0 D0 B-90　 Z3＝975

N2 G40 G18 G90

N3 DIAMON

N4 SETMS(1)

N5 M1＝71

N6 G54

N7 G95 S4500 M03

N8 G00 X61.136 Z15.781

N9 X-1.982 Z0.827

N10 G02 X-0.438 Z0.775 I0.8 K-0.028 F0.08

……

……

N33 G02 X51.414 Z-89.228 I0.028 K0.8

N34 G00 X128.854

N35 Z46.176

N36 DIAMOF

N37 M05

N38 M72

N39 M30

(4)程序加工仿真

通过 Vericut 数控仿真软件对程序的仿真加工结果显示如图 5.23 所示,没有产生碰撞、过切及其残留现象,说明该程序稳定可靠,可以实际加工。

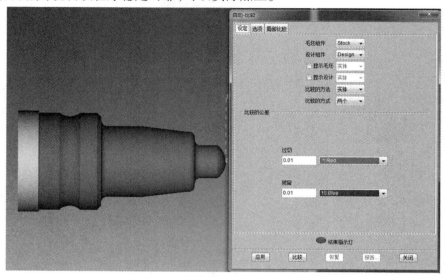

图 5.23　通过 Vericut 数控仿真软件对程序的仿真加工

将 G 代码通过计算机网络共享传输至机床,在通道 2 下进行加工。

5.4.2　维纳斯车铣复合加工

(1)导入模型

打开 Esprit CAM 软件,导入维纳斯三维模型,如图 5.24 所示。

图 5.24　维纳斯三维模型

（2）加工工艺分析

①选用直径为 50～300 mm 的铝合金毛坯,用三爪自定心液压卡盘夹住工件左端,伸出长度 210 mm。

②车削粗加工刀具选用 35°右偏菱形机夹外圆刀,铣削粗加工选用直径 10 mm 的硬质合金铣刀,二次粗加工和精加工选用直径 6 mm 的硬质合金球头铣刀。

③加工方法:先将毛坯尺寸车到 48 mm,然后采用定轴加工的方法对维纳斯的背面和正面分别进行粗加工,再进行二次粗加工,最后联动精加工。

④将工件的坐标原点设置在毛坯右端面的中心处。

（3）编写程序

①毛坯车削粗加工,加工参数设置:主轴转速 1 500 r/min,进给 0.2 mm/r,背吃刀量 0.5 mm。

②维纳斯背面等高粗加工,刀路如图 5.25 所示,加工参数设置:主轴转速 5 000 r/min,进给 2 800 mm/min,背吃刀量 0.5 mm,径向余量 0.3 mm,轴向余量 0.3 mm。

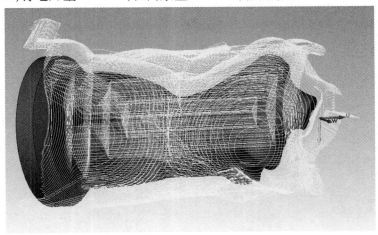

图 5.25　维纳斯背面等高粗加工

③维纳斯正面等高粗加工,刀路如图 5.26 所示,加工参数设置同上。

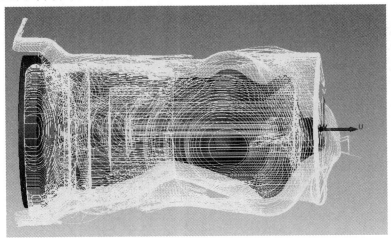

图 5.26　维纳斯正面等高粗加工

④维纳斯背面二次粗加工,刀路如图 5.27 所示,加工参数设置同上。

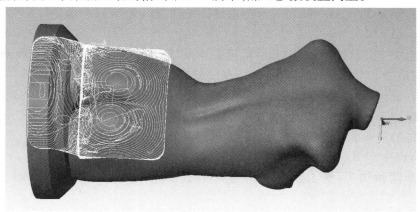

图 5.27　维纳斯背面二次粗加工

⑤维纳斯正面二次粗加工,刀路如图 5.28 所示,加工参数设置同上。

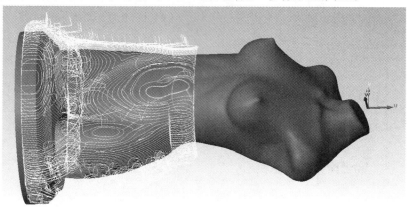

图 5.28　维纳斯正面二次粗加工

⑥维纳斯精加工,刀路如图 5.29 所示,加工参数设置:主轴转速 8 000 r/min,进给 1 500 mm/min,径向余量 0 mm,轴向余量 0 mm。

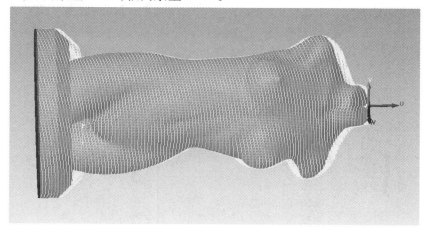

图 5.29　维纳斯精加工

加工程序分析(以精加工程序为例):

N1 G53 G0 D0 Z3=975　　　　　　　　//取消零点偏置,副主轴回安全点

N2 G19　　　　　　　　　　　　　　//选择径向加工

N3 G54　　　　　　　　　　　　　　//选择零点偏置

N4 SPOS[1]=0　　　　　　　　　　//C 轴回零

N5 G0 C0　　　　　　　　　　　　　//C 轴定位

N6 M70 M71　　　　　　　　　　　//C 轴分度打开,打开冷却液

N7 SETMS(3)　　　　　　　　　　　//选择上刀塔主轴

N8 G94 M03 S8000 F1500　　　　　//主轴正传 8 000 r/min,进给 1 500 mm/min

N9 DIAMOF　　　　　　　　　　　//直径编程关闭

N10 CYCLE832(0.01)　　　　　　　//激活高速铣功能

N11 G0 C=DC(0.)

N12 G0 X90. Y-2.529 Z.242　　　　　//快速定位到加工起点

N13 G0 X5.437

N14 G94 G64 G1 X5.429 Y-1.968 Z.127　　F1500　　　//准备加工

N15 G1 X5.473 Y-1.45 Z.041

N16 G1 X5.568 Y-.94 Z-.024

N17 G1 X5.712 Y-.439 Z-.067

N18 G1 X5.88 Y0 Z-.088

N19 G1 X5.947 Z-.089 C=IC(1.271)　　　　　//C 轴开始分度,进行精加工

……

……

N134104 G1 X23.258 Y2.065

N134105 G1 X23.472 Y2.484 Z-87.407

N134106 G0 X90.　　　　　　　　//加工完毕,退到安全位置

N134107 Y0　　　　　　　　　　　//Y 轴回零

N134108 M72　　　　　　　　　　//关闭加工区冲刷阀门

N134108 M30　　　　　　　　　　//程序结束

(4)程序加工仿真

通过 Esprit CAM 软件自身的仿真加工结果显示,没有产生碰撞、过切及其残留现象,说明该程序稳定可靠,可以实际加工,仿真加工结果如图 5.30 所示。

将 G 代码通过计算机网络共享传输至机床,在通道 1 下进行加工。

5.4.3　转子加工

(1)零件的三维建模

用 UG NX10.0 软件对零件进行三维造型,如图 5.31。

(2)加工工艺分析

①毛坯选用直径为 32~170 mm 的铝合金棒料,用三爪自定心卡盘夹住工件左端,伸出长度 130 mm。

②刀具选择:粗加工选择直径为 10 mm 的硬质合金立铣刀,半精加工选择直径为 6 mm 的硬质合金球头铣刀,精加工选择直径为 4 mm 的硬质合金球头铣刀。

③加工方法:采用 3+2 定轴加工,先正、反面粗加工,然后半精加工,最后精加工。

④将工件的坐标原点设置在棒料右端面的中心处。

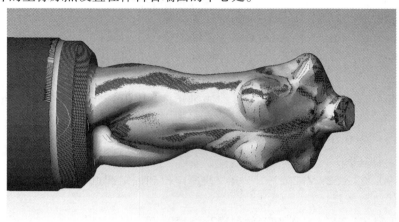

图 5.30　仿真加工结果

图 5.31　用 UG NX10.0 软件对零件进行三维造型

（3）编写程序

通过 UG 软件编程得到的粗加工刀路如图 5.32 所示,参数设置:主轴转速 6 000 r/min,进给 1 500 mm/min,背吃刀量 0.5 mm,加工余量 0.4 mm。

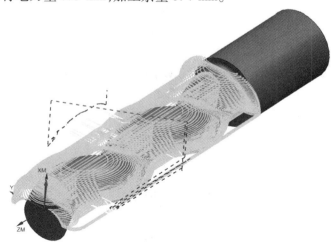

图 5.32　粗加工刀路

半精加工刀路如图 5.33 所示,参数设置:主轴转速 6 000 r/min,进给 1 500 mm/min,加工余量 0.1 mm。

图 5.33　半精加工刀路

精加工刀路如图 5.34 所示,参数设置:主轴转速 9 000 r/min,进给 1 000 mm/min。

图 5.34　精加工刀路

(4)加工程序分析(以粗加工为例)

N1 TRAFOOF	//刀尖跟随关闭
N2 T=1	//选择 1 号刀具
N3 M6	//换刀
N4 D1	//长度补偿
N5 FGROUP(X,Y,Z,A,C)	//五轴匀速进给控制开启
N6 TRAORI	//刀尖跟随开启
N7 G54 G0 A0 C0	//A、C 轴回到零点
N8 M11 M81	//第四轴、第五轴刹车松开
N9 S6000 M3	//主轴正传 6 000 r/min
N10 M08	//冷却液开启
N11 G0 X0 Y0	//刀具回到工件原点
N12 G0 Z50	
N13 G0 X30 Y15	
N14 G0 Z5	
N15 CYCLE832(0.1,103)	//高速加工设置
N16 G64	//持续路径控制开启
N17 G01	
N18 F1500	//进给 1 500 mm/min
N19 G0 A-90. C-90.	//A、C 轴各摆-90°
N20 G0 G90 X26. Y13.90902 Z-56.72473	

N21 X18.5

N22 G17 G94 G1 X15.5

……

……

N7011 G0 X26.

N7012 TRAFOOF   //刀尖跟随关闭

N7013 FGROUP()   //五轴匀速进给控制关闭

N7014 G53 G0 D0 Z670   //Z 轴回安全点

N7015 CYCLE832()   //高速加工关闭

N7016 M5 M9   //主轴停止,关闭冷却液

N7017 G0 A0 C0   //A、C 轴回零点

N7018 M10 M80   //第四轴、第五轴刹车锁紧

N7019 M30   //程序结束

(5)程序加工仿真

通过 Vericut 数控仿真软件对程序的仿真加工结果显示如图 5.35 所示,没有产生碰撞、过切及其残留现象,说明该程序稳定可靠,可以实际加工。

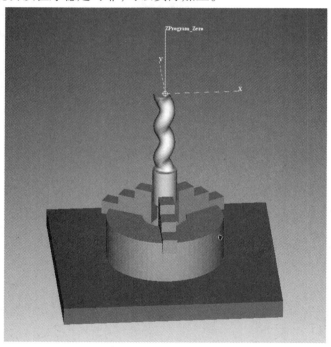

图 5.35　仿真加工结果

最后将 G 代码通过计算机网络共享传输至机床,进行加工即可。

5.4.4　叶轮加工

(1)零件的三维建模

用 UG NX10.0 软件对零件进行三维造型,如图 5.36 所示。

图 5.36　用 UG NX10.0 软件对零件进行三维造型

（2）加工工艺分析

①毛坯选用直径为 140~300 mm 的铝合金棒料，并在车床上加工出轮毂部分，用三爪自定心卡盘夹住工件左端，伸出长度 240 mm。

②刀具选择：粗加工选择直径为 10 mm 的硬质合金球头铣刀，精加工选择直径为 10 mm 的硬质合金球头铣刀，清角加工选择直径为 4 mm 的硬质合金球头铣刀。

③加工方法：采用五轴联动加工，先粗加工，然后精加工，最后清角加工。

④将工件的坐标原点设置在棒料上表面的中心处。

（3）编写程序

通过 UG 软件编程得到的叶轮粗加工刀路如图 5.37 所示，参数设置：主轴转速 6 000 r/min，进给 1 500 mm/min，叶片余量 0.2 mm，轮毂余量 0.2 mm。

叶片精加工刀路如图 5.38 所示，参数设置：主轴转速 12 000 r/min，进给 3 000 mm/min。

图 5.37　叶轮粗加工刀路

图 5.38　叶片精加工刀路

轮毂精加工刀路如图 5.39 所示，参数设置：主轴转速 12 000 r/min，进给 3 000 mm/min。

叶片根部清角加工刀路如图 5.40 所示，参数设置：主轴转速 9 000 r/min，进给 2 000 mm/min。

图 5.39　轮毂精加工刀路

图 5.40　叶片根部清角加工刀路

(4)加工程序分析(以轮毂精加工为例)

N1 TRAFOOF	//刀尖跟随关闭
N2 T = 1	//选择 1 号刀具
N3 M6	//换刀
N4 D1	//长度补偿
N5 FGROUP(X,Y,Z,A,C)	//五轴匀速进给控制开启
N6 TRAORI	//刀尖跟随开启
N7 G54 G0 A0 C0	//A、C 轴回到零点
N8 M11 M81	//第四轴、第五轴刹车松开
N9 S12000 M3	//主轴正传 12 000 r/min
N10 M08	//冷却液开启
N11 G0 X0 Y0	//回到工件原点
N12 CYCLE832(0.01,102001)	//高速加工设置
N13 G64	//持续路径控制开启
N14 G01	
N15 F3000	//进给 1 500 mm/min
N16 G0 A-38.08931 C14.71583	//A、C 轴摆角定位

N17 G0 G90 X42.39327 Y67.84402 Z-33.06052

N18 X44.08697 Y61.39527 Z-41.56712

N19 G17 G94 G1 X44.1333 Y61.09816 Z-41.90223

N20 X44.14443 Y60.91115 Z-42.08085

N21 X44.14698 Y60.70619 Z-42.25933

N22 X44.14053 Y60.48904 Z-42.43204

N23 X44.12467 Y60.26546 Z-42.59334

N24 X43.38718 Y58.08081 Z-43.12564 A-38.14348 C14.62898

......

......

N37804 G0 X52.43231 Y60.42229 Z24.86454

N37805 TRAFOOF　　　　　　　//刀尖跟随关闭

N37806 FGROUP( )　　　　　　//五轴匀速进给控制关闭

N37807 G53 G0 D0 Z670　　　//Z 轴回安全点

N37808 CYCLE832( )　　　　　//高速加工关闭

N37809 M5 M9　　　　　　　　//主轴停止,关闭冷却液

N37810 G0 A0 C0　　　　　　//A、C 轴回零点

N37811 M10 M80　　　　　　　//第四轴、第五轴刹车锁紧

N37812 M30　　　　　　　　　//程序结束

(5)程序加工仿真

通过 Vericut 数控仿真软件对程序的仿真加工结果显示如图 5.41 所示,没有产生碰撞、过切及其残留现象,说明该程序稳定可靠,可以实际加工。

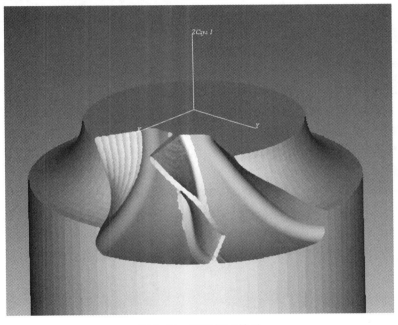

图 5.41　仿真加工结果

最后将 G 代码通过计算机网络共享传输至机床,进行加工即可。

参考文献

［1］张平亮.现代生产现场管理［M］.3 版.北京:机械工业出版社,2023.

［2］罗力渊.数控加工编程及工艺［M］.北京:北京航天航空大学出版社,2015.

［3］张春雨,李大胜.现代制造技术工程实训教程［M］.重庆:重庆大学出版社,2016.

［4］钱袁萍.数控加工实训与考工技能培训［M］.北京:机械工业出版社,2017.

［5］郑晓峰,李庆.数控加工实训［M］.北京:机械工业出版社,2020.

［6］陈蔚芳,王宏涛.机床数控技术及应用［M］.5 版.北京:科学出版社,2023.

［7］张若峰,邓建平.数控加工实训［M］.北京:机械工业出版社,2021.

［8］孙庆东.数控线切割操作工培训教程［M］.北京:机械工业出版社,2014.

［9］刘志东.高速往复走丝电火花线切割［M］.北京:北京大学出版社,2023.

［10］吕怡方,吴俊亮.机械工程实训教程［M］.济南:山东科学技术出版社,2010.

［11］刘志东.特种加工［M］.北京:航空工业出版社,2015.

［12］周晓宏.电火花加工技术与技能训练(提高篇)［M］.北京:中国电力出版社,2015.

［13］孙涛,陈本德.工程训练［M］.西安:西安电子科技大学出版社,2015.